4주 완성 스케줄표

공부한 날		주	일	학습 내용
월	일	**1**주	도입	1주에는 무엇을 공부할까?
			1일	100이 10개인 수, 3000 알아보기
월	일		2일	네 자리 수, 각 자리 숫자가 나타내는 값
월	일		3일	뛰어 세기, 수의 크기 비교
월	일		4일	2단 곱셈구구, 5단 곱셈구구
월	일		5일	3단 곱셈구구, 6단 곱셈구구
			평가 / 특강	누구나 100점 맞는 테스트 / 창의·융합·코딩
월	일	**2**주	도입	2주에는 무엇을 공부할까?
			1일	4단, 8단 곱셈구구
월	일		2일	7단, 9단 곱셈구구
월	일		3일	1단 곱셈구구, 0의 곱, 곱셈표 만들기
월	일		4일	cm보다 더 큰 단위, 자로 길이 재기
월	일		5일	길이의 합 (1), (2)
			평가 / 특강	누구나 100점 맞는 테스트 / 창의·융합·코딩
월	일	**3**주	도입	3주에는 무엇을 공부할까?
			1일	길이의 차 (1), (2)
월	일		2일	길이 어림하기 (1), (2)
월	일		3일	몇 시 몇 분 (1), (2)
월	일		4일	여러 가지 방법으로 시각 읽기, 1시간 알아보기
월	일		5일	하루의 시간, 달력 알아보기
			평가 / 특강	누구나 100점 맞는 테스트 / 창의·융합·코딩
월	일	**4**주	도입	4주에는 무엇을 공부할까?
			1일	표로 나타내기
월	일		2일	그래프로 나타내기, 표와 그래프의 내용 알아보기
월	일		3일	덧셈표, 곱셈표에서 규칙 찾기
월	일		4일	무늬에서 규칙 찾기 (1), (2)
월	일		5일	쌓은 모양에서, 생활에서 규칙 찾기
			평가 / 특강	누구나 100점 맞는 테스트 / 창의·융합·코딩

공부한 날을 표시하고 하루하루 학습 내용을 살펴보세요.

Chunjae
Maketh
Chunjae

▼

기획총괄	박금옥
편집개발	윤경옥, 박초아, 김연정,
	김수정, 김유림, 남태희
디자인총괄	김희정
표지디자인	윤순미, 여화경
내지디자인	박희춘, 이혜미
제작	황성진, 조규영

발행일	2024년 5월 15일 2판 2024년 5월 15일 1쇄
발행인	(주)천재교육
주소	서울시 금천구 가산로9길 54
신고번호	제2001-000018호
고객센터	1577-0902

똑똑한
하루
수학

2B

배우고 때로 익히면
또한 기쁘지 아니한가.
- 공자 -

주별 Contents

똑똑한 하루 수학

이 책의 특징

도입 이번 주에는 무엇을 공부할까?

이번 주에 공부할 내용을 만화로 재미있게!

반드시 알아야 할 개념을 쉽고 재미있는 만화로 확인!

개념 완성 개념·원리 확인

교과서 개념을 만화로 쏙쏙!

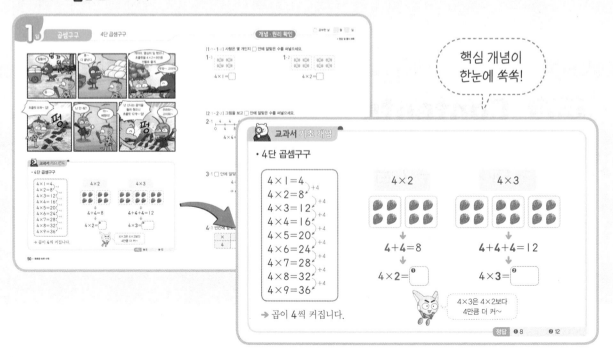

핵심 개념이 한눈에 쏙쏙!

기초 집중 연습

반드시 알아야 할 문제를 **반복**하여 완벽하게 익히기!

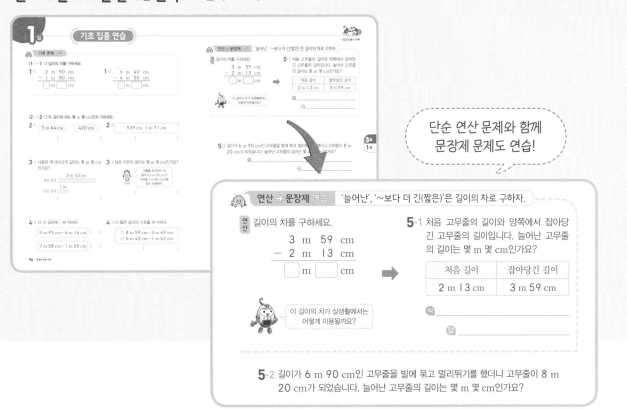

> 단순 연산 문제와 함께
> 문장제 문제도 연습!

연산 → 문장제 연습 '늘어난', '~보다 더 긴(짧은)'은 길이의 차로 구하자.

연산 길이의 차를 구하세요.

$$3 \ m \ 59 \ cm$$
$$- \ 2 \ m \ 13 \ cm$$
$$\boxed{\ } \ m \ \boxed{\ } \ cm$$

이 길이의 차가 실생활에서는
어떻게 이용될까요?

5-1 처음 고무줄의 길이와 양쪽에서 잡아당
긴 고무줄의 길이입니다. 늘어난 고무줄
의 길이는 몇 m 몇 cm인가요?

처음 길이	잡아당긴 길이
2 m 13 cm	3 m 59 cm

식
답

5-2 길이가 6 m 90 cm인 고무줄을 발에 묶고 멀리뛰기를 했더니 고무줄이 8 m
20 cm가 되었습니다. 늘어난 고무줄의 길이는 몇 m 몇 cm인가요?

평가 + 창의·융합·코딩

한 주에 배운 내용을 **테스트**로 마무리!

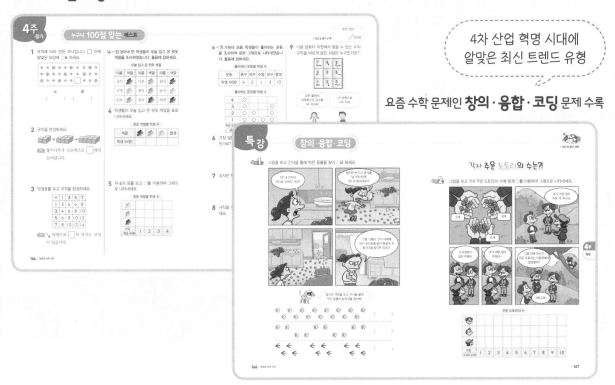

> 4차 산업 혁명 시대에
> 알맞은 최신 트렌드 유형

요즘 수학 문제인 **창의·융합·코딩** 문제 수록

네 자리 수 / 곱셈구구

1주

옥황상제의 복숭아밭

이 복숭아가 다 몇 개예요?

천 개쯤 될걸~

우와~

그런데 천 개가 몇 개지?

이 녀석~ 멍청하고 힘만 세다더니 진짜네.

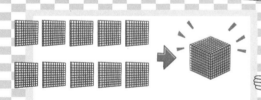

1000은 100이 10개인 수야. 1000을 천이라고 읽지.

100이 10개이면 1000

그러니까 천 개는 백 개의 10배 만큼이야.

와! 진짜 많네요. 한두 개쯤 먹어도 옥황상제님이 모르시겠죠?

지키라는 복숭아를 먹으면 어떻게 해!!!

와구

와구

1주에는 무엇을 공부할까? ①

- **1일** 100이 10개인 수, 3000 알아보기
- **2일** 네 자리 수, 각 자리 숫자가 나타내는 값
- **3일** 뛰어 세기, 수의 크기 비교
- **4일** 2단 곱셈구구, 5단 곱셈구구
- **5일** 3단 곱셈구구, 6단 곱셈구구

2-1 세 자리 수

100이 3개, 10이 9개
1이 6개이면 396이야~

396은 삼백구십육
이라고 읽어~

1-1 수 모형이 나타내는 수를 써 보세요.

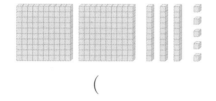

(   )

1-2 수 모형이 나타내는 수를 써 보세요.

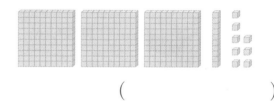

(   )

2-1 수를 읽어 보세요.

427

(   )

2-2 수를 읽어 보세요.

286

(   )

3-1 지우개가 100개씩 들어 있는 상자가 3개
있습니다. 지우개는 모두 몇 개인가요?

(   )개

3-2 100원짜리 동전이 5개 있습니다. 동전
은 모두 얼마인가요?

(   )원

2-1 곱셈

5씩 3묶음은
5의 3배야~

5의 3배는
5×3으로 쓰고
5 곱하기 3이라고 읽어.

4-1 그림을 보고 ☐ 안에 알맞은 수를 써넣으세요.

2씩 ☐ 묶음

2의 ☐ 배

4-2 그림을 보고 ☐ 안에 알맞은 수를 써넣으세요.

4씩 ☐ 묶음

4의 ☐ 배

5-1 ☐ 안에 알맞은 수를 써넣으세요.

$5+5+5=$ ☐

$5×3=$ ☐

5-2 ☐ 안에 알맞은 수를 써넣으세요.

$2+2+2+2+2=$ ☐

$2×$ ☐ $=$ ☐

 교과서 기초 개념

1. 천 알아보기

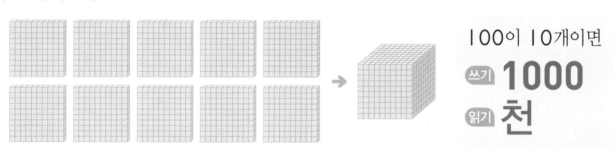

100이 10개이면

쓰기 **1000**

읽기 **천**

2. 1000을 여러 가지로 나타내기

┌ 9 0 0 보다 1 0 0 만큼 더 큰 수
├ 9 9 0 보다 1 0 만큼 더 큰 수
└ 9 9 9 보다 [①] 만큼 더 큰 수

> 999 바로 다음 수는 1000이야.

1-1 ⬜ 안에 알맞은 수를 써넣으세요.

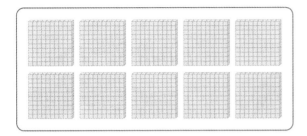

100이 10개이면 ⬜ 입니다.

1-2 ⬜ 안에 알맞은 수를 써넣으세요.

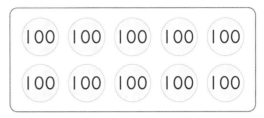

100이 ⬜ 개이면 1000입니다.

2-1 1000원이 되도록 묶어 보세요.

2-2 100 을 사용하여 1000을 나타내세요.

3-1 수직선을 보고 ⬜ 안에 알맞은 수를 써넣으세요.

```
├──────┼──────┼──────┼──────┤
600    700    800    900   1000
```

(1) 900보다 ⬜ 만큼 더 큰 수는 1000입니다.

(2) 800보다 ⬜ 만큼 더 큰 수는 1000입니다.

(3) 700보다 ⬜ 만큼 더 큰 수는 1000입니다.

3-2 수직선을 보고 ⬜ 안에 알맞은 수를 써넣으세요.

(1)
```
├──┼──┼──┼──┼──┤
950 960 970 980 990 1000
```

990보다 ⬜ 만큼 더 큰 수는 1000입니다.

(2)
```
├──┼──┼──┼──┼──┼──┤
994 995 996 997 998 999 1000
```

999보다 ⬜ 만큼 더 큰 수는 1000입니다.

1주 1일

교과서 기초 개념

1. 3000 알아보기

1000이 ❶ ⬚ 개이면

쓰기 **3000**   읽기 **삼천**

2. 몇천을 쓰고 읽기

수	쓰기	읽기	수	쓰기	읽기
1000이 2개	2000	이천	1000이 6개	6000	육천
1000이 3개	3000	삼천	1000이 7개	7000	칠천
1000이 4개	4000	사천	1000이 8개	8000	팔천
1000이 5개	5000	오천	1000이 9개	9000	구천

정답 ❶ 3

▶ 정답 및 풀이 1쪽

1-1 수 모형이 나타내는 수를 쓰고 읽어 보세요.

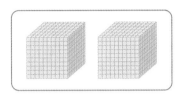

쓰기 (   )

읽기 (   )

1-2 수 모형이 나타내는 수를 쓰고 읽어 보세요.

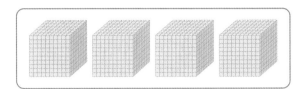

쓰기 (   )

읽기 (   )

2-1 수를 읽어 보세요.

8000

(   )

2-2 수를 읽어 보세요.

7000

(   )

1주
1일

3-1 수로 써 보세요.

(1) 오천 ➡ (   )

(2) 사천 ➡ (   )

3-2 수로 써 보세요.

(1) 삼천 ➡ (   )

(2) 육천 ➡ (   )

4-1 색종이는 모두 몇 장인가요?

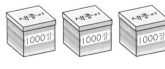

(   )

4-2 사탕은 모두 몇 개인가요?

(   )

1일

기초 집중 연습

기본 문제 연습

1-1 ☐ 안에 알맞은 수를 써넣으세요.

990보다 10만큼 더 큰 수는

☐ 입니다.

1-2 ☐ 안에 알맞은 수를 써넣으세요.

1000은 ☐ 보다 100만큼

더 큰 수입니다.

2-1 빈 곳에 알맞은 수를 써넣어 1000을 만들어 보세요.

900

2-2 빈 곳에 알맞은 수를 써넣어 1000을 만들어 보세요.

990

3-1 알맞게 선으로 이어 보세요.

| 1000이 5개 | · | · | 7000 |

| 1000이 7개 | · | · | 5000 |

3-2 알맞게 선으로 이어 보세요.

1000이 4개   1000이 8개

8000   6000   4000

4-1 1000원이 되려면 얼마가 더 필요한 가요?

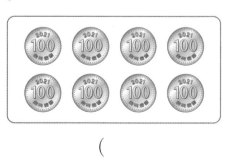

(   )

4-2 1000원이 되려면 얼마가 더 필요한 가요?

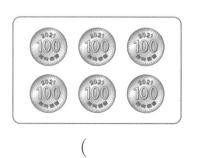

(   )

기본 → 문장제 연습 　1000이 ■개이면 ■000으로 구하자.

기본 　□ 안에 알맞은 수를 써넣으세요.

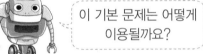

1000이 3개이면
□ 입니다.

이 기본 문제는 어떻게
이용될까요?

5-1 수첩 가격이 다음과 같습니다. 수첩은 얼마인가요?

 답 _____

5-2 천 원짜리 지폐가 8장 있습니다. 모두 얼마인가요?

 답 _____

1주

1일

5-3 클립이 한 상자에 1000개씩 들어 있습니다. 9상자에 들어 있는 클립은 모두 몇 개인가요?

답 _____

교과서 기초 개념

• 네 자리 수

1000이 **2**개	100이 **4**개	10이 **7**개	1이 **8**개
2	4	7	8
이천	사백	칠십	팔

5129는 오천백이십구라고 읽어.

5129
→ 일백이라고 읽지 않습니다.

6504는 육천오백사라고 읽어.

6504
→ 0은 읽지 않습니다.

1-1 수 모형이 나타내는 수를 써 보세요.

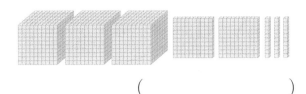

(   )

1-2 수 모형이 나타내는 수를 써 보세요.

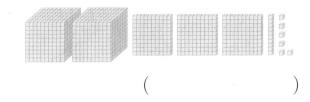

(   )

2-1 수를 읽어 보세요.

(1)　　3524

(   )

(2)　　9713

(   )

2-2 수로 써 보세요.

(1)　육천칠백오

(   )

(2)　삼천구백육십

(   )

3-1 ☐ 안에 알맞은 수를 써넣으세요.

5832는
- 1000이 ☐개
- 100이 ☐개
- 10이 ☐개
- 1이 ☐개

3-2 ☐ 안에 알맞은 수를 써넣으세요.

7694는
- 1000이 ☐개
- 100이 ☐개
- 10이 ☐개
- 1이 ☐개

4-1 ☐ 안에 알맞은 수를 써넣으세요.

1000이 8개 ┐
100이 2개 │
10이 3개 │ 이면 ☐
1이 6개 ┘

4-2 ☐ 안에 알맞은 수를 써넣으세요.

1000이 2개 ┐
100이 9개 │
10이 2개 │ 이면 ☐
1이 7개 ┘

교과서 기초 개념

• 각 자리 숫자가 나타내는 값

천의 자리	백의 자리	십의 자리	일의 자리	
5	2	7	3	
↓				
5	0	0	0	→ **5**: 천의 자리 숫자, 5000
	2	0	0	→ **2**: 백의 자리 숫자, 200
		7	0	→ **7**: 십의 자리 숫자, 70
			3	→ **3**: 일의 자리 숫자, 3

$$5273 = 5000 + 200 + 70 + \boxed{}^{①}$$

정답 **①** 3

1-1 ☐ 안에 알맞은 말을 써넣으세요.

6752

→ ☐ 의 자리 숫자

1-2 ☐ 안에 알맞은 말을 써넣으세요.

9137

→ ☐ 의 자리 숫자

2-1 보기 와 같이 밑줄 친 숫자는 얼마를 나타내는지 써 보세요.

보기
1829 ➜ 800

⑴ 4538 ➜ _____

⑵ 3791 ➜ _____

2-2 2-1의 보기 와 같이 밑줄 친 숫자는 얼마를 나타내는지 써 보세요.

⑴ 8326 ➜ _____

⑵ 2174 ➜ _____

⑶ 5632 ➜ _____

1주
2일

3-1 ☐ 안에 알맞은 수를 써넣으세요.

3815=3000+ ☐

+ ☐ +5

3-2 ☐ 안에 알맞은 수를 써넣으세요.

7263=7000+ ☐

+ ☐ + ☐

4-1 숫자 3이 300을 나타내는 수에 ○표 하세요.

3451　　　　7329

(　　　)　(　　　)

4-2 숫자 6이 60을 나타내는 수에 ○표 하세요.

2675　(　　　)

9368　(　　　)

기초 집중 연습

1-1 주어진 수의 각 자리 숫자를 빈칸에 써 넣으세요.

6254

천의 자리	백의 자리	십의 자리	일의 자리
6			

1-2 다음 수에서 숫자 3은 어느 자리 숫자 인지 써 보세요.

3465

(   )

2-1 수를 <u>잘못</u> 읽은 것을 찾아 기호를 써 보세요.

㉠ 5906 ➡ 오천구백영육
㉡ 1753 ➡ 천칠백오십삼

(   )

2-2 수를 <u>잘못</u> 읽은 사람의 이름을 써 보세요.

2017

 이천십칠   이천영십칠
영탁   정우

(   )

3-1 천의 자리 숫자가 2인 것을 찾아 기호를 써 보세요.

㉠ 5728   ㉡ 2139

(   )

3-2 백의 자리 숫자가 5인 것을 찾아 기호를 써 보세요.

㉠ 1504   ㉡ 6352

(   )

4-1 숫자 7은 얼마를 나타내나요?

2476

(   )

4-2 숫자 9는 얼마를 나타내나요?

9183

(   )

기본 → 문장제 연습   천, 백, 십, 일의 자리 숫자를 알아보자.

기본 □ 안에 알맞은 수를 써넣으세요.

1000이 3개
100이 7개
10이 5개
1이 9개 } 이면 □

이 기본 문제는 문장제로 어떻게 이용될까요?

5-1 1000이 3개, 100이 7개, 10이 5개, 1이 9개 있습니다. 네 자리 수를 써 보세요.

답 _____

5-2 천의 자리 숫자가 7, 백의 자리 숫자가 6, 십의 자리 숫자가 3, 일의 자리 숫자가 4인 네 자리 수를 써 보세요.

답 _____

5-3 혜진이가 스케치북을 사고 1000원짜리 지폐 2장, 100원짜리 동전 7개, 10원짜리 동전 5개를 냈습니다. 혜진이가 낸 돈은 모두 얼마인가요?

답 _____

교과서 기초 개념

1. 1000씩 뛰어 세기

| 1000 | 2000 | 3000 | 4000 |

→ 천의 자리 숫자가 1씩 커집니다.

2. 100씩 뛰어 세기

| 3250 | 3350 | 3450 | 3550 |

→ 백의 자리 숫자가 1씩 커집니다.

3. 10씩 뛰어 세기

| 6739 | 6749 | 6759 | 6769 |

→ 십의 자리 숫자가 ❶ 씩 커집니다.

4. 1씩 뛰어 세기

| 8375 | 8376 | 8377 | 8378 |

→ ❷ 의 자리 숫자가 1씩 커집니다.

1000씩 뛰어 세면 천의 자리 숫자가 1씩 커지고, 100씩 뛰어 세면 백의 자리 숫자가 1씩 커져.

정답 ❶ 1 ❷ 일

1-1 1000씩 뛰어 세어 보세요.

| 2500 | 3500 | 4500 |
| 5500 | | |

1-2 1000씩 뛰어 세어 보세요.

| 4925 | 5925 | |
| | | |

2-1 100씩 뛰어 세어 보세요.

4168 - 4268 - ☐ - ☐

2-2 100씩 뛰어 세어 보세요.

3312 - 3412 - ☐ - ☐

3-1 10씩 뛰어 세어 보세요.

| 7630 | 7640 | |
| | | |

3-2 10씩 뛰어 세어 보세요.

| 5814 | 5824 | |
| | | |

1주 3일

4-1 1씩 뛰어 세어 보세요.

2973, 2975, 2974

4-2 1씩 뛰어 세어 보세요.

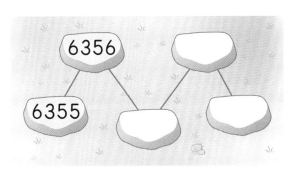

6356, 6355

난, 오늘까지 2360개 했어~

난, 3500개 했어~

그럼, 0이 더 많은 니가 적게 한 거니, 아이스크림 사줘~

어? 뭔가 이상한데??

수의 크기 비교
천의 자리 숫자끼리 비교합니다.
2360 < 3500
2 < 3

언니! 이건 아니잖아~ 언니가 아이스크림 사줘야 해~

크크~ 안 넘어 오네~

후다닥

교과서 기초 개념

• 두 수의 크기 비교

① 천의 자리 비교
3926 < 5038
3 < 5

② 백의 자리 비교
7412 > 7365
4 > 3

③ 십의 자리 비교
3158 > 3109
5 > 0

④ 일의 자리 비교
6737 < 6739
7 < 9

먼저 천의 자리 숫자끼리 비교하고~

천의 자리 숫자가 같으면 백의 자리 숫자를 비교해~

백의 자리 숫자까지 같으면 십의 자리 숫자를 비교하고~

십의 자리 숫자까지 같으면 일의 자리 숫자를 비교해.

1-1 ○ 안에 > 또는 <를 알맞게 써넣으세요.

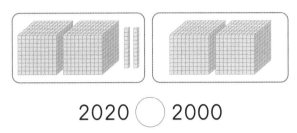

2020 ○ 2000

1-2 ○ 안에 > 또는 <를 알맞게 써넣으세요.

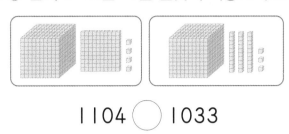

1104 ○ 1033

2-1 수직선을 보고 두 수의 크기를 비교하여 ○ 안에 > 또는 <를 알맞게 써넣으세요.

4500 4600 4700 4800 4900

4600 ○ 4800

2-2 수직선을 보고 두 수의 크기를 비교하여 ○ 안에 > 또는 <를 알맞게 써넣으세요.

5820 5830 5840 5850 5860

5830 ○ 5860

3-1 더 큰 수에 ○표 하세요.

8700   8356

(   )   (   )

3-2 더 큰 수에 ○표 하세요.

1320   4159

(   )   (   )

4-1 두 수의 크기를 비교하여 ○ 안에 > 또는 <를 알맞게 써넣으세요.

(1) 2937 ○ 4256

(2) 5310 ○ 5602

4-2 두 수의 크기를 비교하여 ○ 안에 > 또는 <를 알맞게 써넣으세요.

(1) 9347 ○ 9350

(2) 6074 ○ 6071

기본 문제 연습

1-1 두 수의 크기를 비교하여 ○ 안에 >
또는 <를 알맞게 써넣으세요.

3854 ◯ 3916

1-2 두 수의 크기를 비교하여 ○ 안에 >
또는 <를 알맞게 써넣으세요.

5463 ◯ 5490

2-1 얼마씩 뛰어 센 것인가요?

2517 – 2617 – 2717 – 2817

(   )

2-2 얼마씩 뛰어 센 것인가요?

3956 – 3966 – 3976 – 3986

(   )

3-1 가장 큰 수에 ○표 하세요.

2910	3230	3229
( )	( )	( )

3-2 가장 큰 수를 말한 사람의 이름을 써 보
세요.

6051	5983	5499
수현	민호	준희

(   )

4-1 규칙을 찾아 뛰어 세어 보세요.

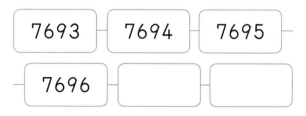

7693	7694	7695
7696		

4-2 규칙을 찾아 뛰어 세어 보세요.

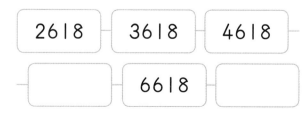

2618	3618	4618
	6618	

기본 → 문장제 연습 '가장 큰 수'를 만들 때는 왼쪽부터 큰 수를 놓아 보자.

기본 8, 3, 4, 7의 네 수를 한 번씩 사용하여 가장 큰 수를 만들어 보세요.

☐ > ☐ > ☐ > ☐

➜ 가장 큰 네 자리 수:

☐☐☐☐

수 카드로 조건에 맞는 네 자리 수를 어떻게 만들까요?

5-1 수 카드 4장을 한 번씩만 사용하여 가장 큰 네 자리 수를 만들어 보세요.

8   3   4   7

답 ＿＿＿＿＿＿＿＿＿＿

5-2 공 4개에 적힌 수를 한 번씩만 사용하여 가장 큰 네 자리 수를 만들어 보세요.

답 ＿＿＿＿＿＿＿＿＿＿

5-3 수 카드 4장을 한 번씩만 사용하여 가장 작은 네 자리 수를 만들어 보세요.

5   8   2   1

답 ＿＿＿＿＿＿＿＿＿＿

2단 곱셈구구

2×1=2, 2×2=4,
2×3=6, 2×4=8,
2×5=10, 2×6=12,
2×7=14, 2×8=16,
2×9=18

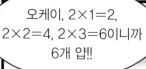 교과서 기초 개념

• 2단 곱셈구구

$$2 \times 1 = 2$$
$$2 \times 2 = 4$$
$$2 \times 3 = 6$$
$$2 \times 4 = 8$$
$$2 \times 5 = 10$$
$$2 \times 6 = 12$$
$$2 \times 7 = 14$$
$$2 \times 8 = 16$$
$$2 \times 9 = 18$$

+2 (반복)

→ 곱이 2씩 커집니다.

 2×3

↓

2+2+2=6

↓

2×3=6

 2×4

↓

2+2+2+2=8

↓

2×4=❶

2×4는 2×3보다
2만큼 더 커~

정답 ❶ 8

26 · 똑똑한 하루 수학

1-1 ☐ 안에 알맞은 수를 써넣으세요.

$2+2=$ ☐

$2×2=$ ☐

1-2 ☐ 안에 알맞은 수를 써넣으세요.

$2+2+2+2+2=$ ☐

$2×5=$ ☐

2-1 ☐ 안에 알맞은 수를 써넣으세요.

$2×4=$ ☐

2-2 ☐ 안에 알맞은 수를 써넣으세요.

$2×6=$ ☐

3-1 2단 곱셈구구의 값을 찾아 선으로 이어 보세요.

| $2×5$ | • | • | 12 |

| $2×6$ | • | • | 10 |

3-2 2단 곱셈구구의 값을 찾아 선으로 이어 보세요.

| $2×8$ | | $2×7$ |

| 18 | 16 | 14 |

4-1 빈 곳에 알맞은 수를 써넣으세요.

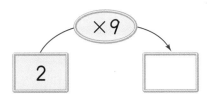

4-2 빈 곳에 알맞은 수를 써넣으세요.

5단 곱셈구구

5단 곱셈구구

5×1=5, 5×2=10,
5×3=15, 5×4=20,
5×5=25, 5×6=30,
5×7=35, 5×8=40,
5×9=45

교과서 기초 개념

• 5단 곱셈구구

$5×1=5$
$5×2=10$ $+5$
$5×3=15$ $+5$
$5×4=20$ $+5$
$5×5=25$ $+5$
$5×6=30$ $+5$
$5×7=35$ $+5$
$5×8=40$ $+5$
$5×9=45$ $+5$

➡ 곱이 5씩 커집니다.

$5×3$

$5+5+5=15$

$5×3=15$

$5×4$

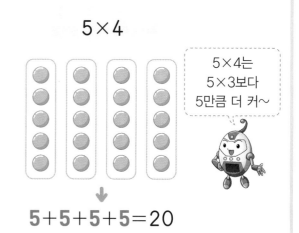

$5+5+5+5=20$

$5×4=$ ❶

5×4는
5×3보다
5만큼 더 커~

정답 ❶ 20

1-1 ☐ 안에 알맞은 수를 써넣으세요.

$5+5=$ ☐

$5×2=$ ☐

1-2 ☐ 안에 알맞은 수를 써넣으세요.

$5+5+5=$ ☐

$5×3=$ ☐

2-1 ☐ 안에 알맞은 수를 써넣으세요.

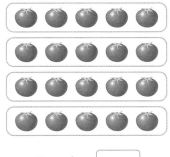

$5×4=$ ☐

2-2 ☐ 안에 알맞은 수를 써넣으세요.

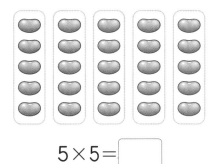

$5×5=$ ☐

3-1 ☐ 안에 알맞은 수를 써넣으세요.

⑴ $5×8=$ ☐

⑵ $5×6=$ ☐

3-2 빈 곳에 알맞은 수를 써넣으세요.

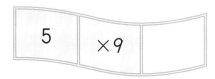

4-1 5단 곱셈구구를 완성하세요.

$5×1=$ ☐

$5×2=$ ☐

$5×$ ☐ $=15$

$5×$ ☐ $=20$

4-2 5단 곱셈구구를 완성하세요.

$5×5=$ ☐

$5×$ ☐ $=30$

$5×7=$ ☐

$5×$ ☐ $=40$

4일 기초 집중 연습

기본 문제 연습

1-1 ☐ 안에 알맞은 수를 써넣으세요.

$2 \times 9 = $ ☐

1-2 ☐ 안에 알맞은 수를 써넣으세요.

$5 \times 7 = $ ☐

2-1 5단 곱셈구구가 <u>잘못된</u> 것을 찾아 ○표 하세요.

$5 \times 8 = 40$ $5 \times 6 = 25$

(   )   (   )

2-2 2단 곱셈구구가 <u>잘못된</u> 것을 찾아 기호를 써 보세요.

㉠ $2 \times 8 = 16$
㉡ $2 \times 5 = 12$

(   )

3-1 색 테이프 한 조각의 길이는 2 cm입니다. 색 테이프 7조각의 길이는 몇 cm인가요?

2 cm

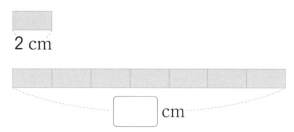

☐ cm

3-2 상자 한 개의 길이는 5 cm입니다. 상자 4개의 길이는 몇 cm인가요?

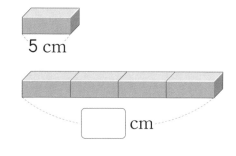

5 cm

☐ cm

4-1 2단 곱셈구구의 값이 <u>아닌</u> 것을 골라 보세요. ·········· (   )

① 4   ② 6   ③ 9
④ 10   ⑤ 12

4-2 5단 곱셈구구의 값이 <u>아닌</u> 수에 ○표 하세요.

15   10   24

연산 → 문장제 연습 '2개씩, 5개씩'을 보고 2단, 5단 곱셈구구를 생각하자.

 □ 안에 알맞은 수를 써넣으세요.

$2 \times 4 = \boxed{}$

 이 곱셈구구는 어떤 상황에서 이용될까요?

5-1 빵이 한 봉지에 2개씩 들어 있습니다. 4봉지에 들어 있는 빵은 모두 몇 개인가요?

식 $2 \times \boxed{} = \boxed{}$

답 _____

1주 4일

5-2 꽃 한 송이에 꽃잎이 5장씩 있습니다. 꽃 6송이에는 꽃잎이 모두 몇 장 있나요?

식 _____

답 _____

5-3 자동차 한 대에 5명씩 타고 있습니다. 자동차 3대에 타고 있는 사람은 모두 몇 명인가요?

식 _____

답 _____

어머! 깜짝이야.

안녕? 백설공주~ 난 깨비야. 뭐~ 도와줄까?

아~ 잘됐다.

계산 좀 도와줘. 꽃을 3송이씩 7묶음 만들려면 몇 송이가 필요하지?

3×7=21이니까~ 21송이야~

고맙다, 깨비야~

3단 곱셈구구

3×1=3, 3×2=6,
3×3=9, 3×4=12,
3×5=15, 3×6=18,
3×7=21, 3×8=24,
3×9=27

도와준 김에 들에서 꽃도 꺾어다 주면 안돼?

21송이나 꺾어 오라구? 괜히 계산해줬네, 크~

교과서 기초 개념

• 3단 곱셈구구

$$3×1=3$$
$$3×2=6$$
$$3×3=9$$
$$3×4=12$$
$$3×5=15$$
$$3×6=18$$
$$3×7=21$$
$$3×8=24$$
$$3×9=27$$

각 단계마다 +3

➡ 곱이 3씩 커집니다.

$3×3$

$$3+3+3=9$$

⬇

$$3×3=9$$

$3×4$

$$3+3+3+3=12$$

⬇

$$3×4=\boxed{①}$$

3×4는 3×3보다 3만큼 더 커~

정답 ① 12

1-1 ☐ 안에 알맞은 수를 써넣으세요.

$3+3=$ ☐

$3×2=$ ☐

1-2 ☐ 안에 알맞은 수를 써넣으세요.

$3+3+3+3+3=$ ☐

$3×5=$ ☐

2-1 곱셈식을 수직선에 나타낸 것을 보고 ☐ 안에 알맞은 수를 써넣으세요.

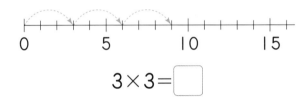

$3×3=$ ☐

2-2 곱셈식을 수직선에 나타내고 ☐ 안에 알맞은 수를 써넣으세요.

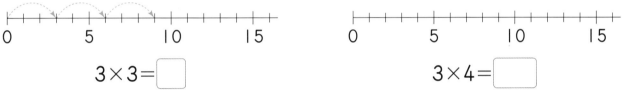

$3×4=$ ☐

3-1 ☐ 안에 알맞은 수를 써넣으세요.

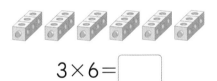

$3×6=$ ☐

3-2 ☐ 안에 알맞은 수를 써넣으세요.

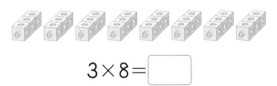

$3×8=$ ☐

4-1 빈 곳에 알맞은 수를 써넣으세요.

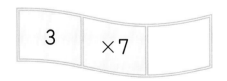

4-2 빈 곳에 알맞은 수를 써넣으세요.

1주
5일

• **33**

 교과서 기초 개념

• 6단 곱셈구구

$$6 \times 1 = 6$$
$$6 \times 2 = 12$$ +6
$$6 \times 3 = 18$$ +6
$$6 \times 4 = 24$$ +6
$$6 \times 5 = 30$$ +6
$$6 \times 6 = 36$$ +6
$$6 \times 7 = 42$$ +6
$$6 \times 8 = 48$$ +6
$$6 \times 9 = 54$$ +6

→ 곱이 6씩 커집니다.

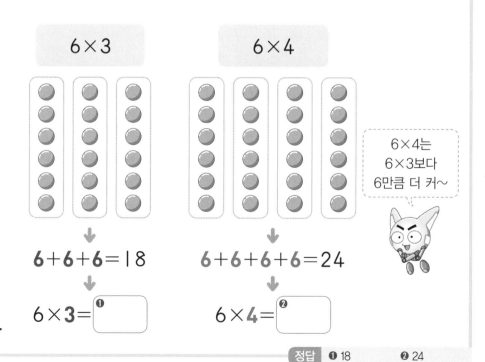

6 × 3

$$6 + 6 + 6 = 18$$

$$6 \times 3 = \boxed{①}$$

6 × 4

$$6 + 6 + 6 + 6 = 24$$

$$6 \times 4 = \boxed{②}$$

6×4는 6×3보다 6만큼 더 커~

정답 ❶ 18   ❷ 24

1-1 ☐ 안에 알맞은 수를 써넣으세요.

$$6+6=\boxed{}$$

$$6\times2=\boxed{}$$

1-2 ☐ 안에 알맞은 수를 써넣으세요.

$$6+6+6+6=\boxed{}$$

$$6\times4=\boxed{}$$

2-1 ☐ 안에 알맞은 수를 써넣으세요.

$$6\times3=\boxed{}$$

2-2 ☐ 안에 알맞은 수를 써넣으세요.

$$6\times5=\boxed{}$$

3-1 ☐ 안에 알맞은 수를 써넣으세요.

(1) $6\times7=\boxed{}$

(2) $6\times8=\boxed{}$

3-2 ☐ 안에 알맞은 수를 써넣으세요.

(1) $6\times9=\boxed{}$

(2) $6\times6=\boxed{}$

4-1 6단 곱셈구구를 완성하세요.

$$6\times2=\boxed{}$$
$$6\times\boxed{}=18$$
$$6\times4=\boxed{}$$
$$6\times\boxed{}=30$$

4-2 6단 곱셈구구를 완성하세요.

$$6\times6=\boxed{}$$
$$6\times\boxed{}=42$$
$$6\times\boxed{}=48$$
$$6\times\boxed{}=54$$

1주
5일

기본 문제 연습

1-1 ☐ 안에 알맞은 수를 써넣으세요.

$$3 \times 8 = \boxed{}$$

1-2 ☐ 안에 알맞은 수를 써넣으세요.

$$6 \times 4 = \boxed{}$$

2-1 빈 곳에 알맞은 수를 써넣으세요.

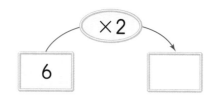

2-2 빈 곳에 알맞은 수를 써넣으세요.

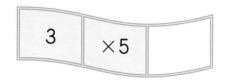

3-1 3단 곱셈구구의 값을 찾아 선으로 이어 보세요.

3-2 6단 곱셈구구의 값을 찾아 선으로 이어 보세요.

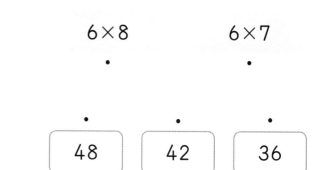

4-1 곱셈식이 옳게 되도록 선으로 이어 보세요.

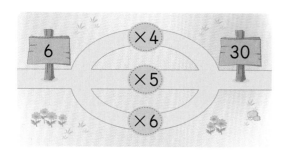

4-2 곱셈식이 옳게 되도록 선으로 이어 보세요.

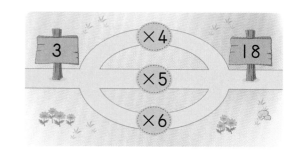

연산 → 문장제 연습 '■개씩 ●묶음'은 ■×●로 나타내자.

 ☐ 안에 알맞은 수를 써넣으세요.

$$3 \times 4 = \boxed{}$$

 이 곱셈구구는 어떤 상황에서 이용될까요?

5-1 풍선이 한 묶음에 3개씩 4묶음 있습니다. 풍선은 모두 몇 개인가요?

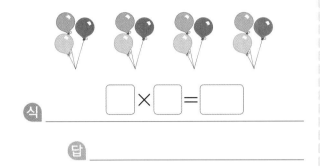

식 ☐ × ☐ = ☐ _____

답 _____

5-2 바나나가 한 송이에 6개씩 3송이 있습니다. 바나나는 모두 몇 개인가요?

식 ☐ × ☐ = ☐ _____

답 _____

5-3 세발자전거 7대에는 바퀴가 모두 몇 개 있나요?

식 _____

답 _____

1 그림을 보고 ☐ 안에 알맞은 수를 써넣으세요.

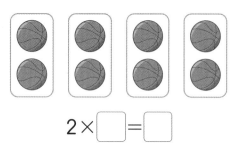

$$2 \times \boxed{} = \boxed{}$$

2 ☐ 안에 알맞은 수를 써넣으세요.

100이 10개이면 ☐ 입니다.

3 빈 곳에 알맞은 수를 써넣으세요.

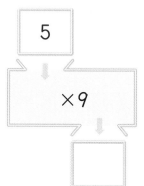

5

×9

4 ☐ 안에 알맞은 수를 써넣으세요.

1000이 2개 ┐
100이 7개 ┤
10이 8개 ┤ 이면 ☐
1이 3개 ┘

5 민하가 줄넘기를 사고 다음과 같이 돈을 냈습니다. 줄넘기의 값은 얼마인가요?

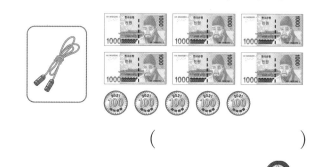

(   )

1000이 몇 개인지,
100이 몇 개인지 알아봐~

6 1000씩 뛰어 세어 보세요.

| 2931 | — | 3931 | — | | |

| | — | | — | | |

7 두 수의 크기를 비교하여 ○ 안에 > 또는 <를 알맞게 써넣으세요.

6914 ◯ 6950

8 3단 곱셈구구의 값이 <u>아닌</u> 것을 골라 보세요. ···································· ( )

① 3   ② 12   ③ 15

④ 20   ⑤ 24

9 숫자 7이 나타내는 값이 700인 수를 찾아 기호를 써 보세요.

㉠ 7246
㉡ 5972
㉢ 1738

( )

10 개미가 8마리 있습니다. 개미 다리는 모두 몇 개인가요?

개미 한 마리의
다리는 6개네.

 식 _____

답 _____

창의·융합·코딩

방 탈출~ 단서를 찾아라!

창의 1 소정이와 친구들이 방을 탈출하려고 합니다.

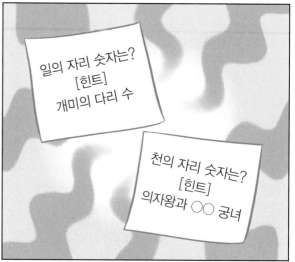

방을 탈출할 수 있는 비밀번호 네 자리 수를 구하세요.

개미의 다리 수는 ☐개이므로

일의 자리 숫자는 ☐이야~

'○○ 궁녀'에서 천의 자리 숫자는 ☐이고

거울에 비춘 수이므로 십의 자리 숫자는 ☐이고, 100이 4개이면

☐이므로 백의 자리 숫자는 ☐야.

답 ☐☐☐☐

누가 내 앞 자리에 탔어?

놀이동산에서 너구리, 원숭이, 강아지, 토끼가 꼬마열차를 탔습니다. 다음 내용을 보고 꼬마열차의 자리에 알맞은 동물들의 이름을 써넣고 앞에서 두 번째 동물이 가지고 있는 숫자와 세 번째 동물이 가지고 있는 숫자를 곱하면 얼마인지 구하세요.

답 _____

창의·융합·코딩

코딩 3 다음 규칙에 따라 화살표 방향으로 수를 써 간다면 ♥에 도착했을 때의 수는 얼마인 가요?

규칙
⇨: 1000씩 뛰어 셉니다.   ⇩: 100씩 뛰어 셉니다.
⇧: 10씩 뛰어 셉니다.   ⇦: 1씩 뛰어 셉니다.

2476

♥

⇩   ⇧

⇨

답 _____

창의 4 곱셈구구의 값을 따라 내려갔을 때 먹을 수 있는 간식은 무엇인가요?

2×5
10   12
3×8   5×7
16   24   30   35
핫도그   초콜릿   햄버거   아이스크림

답 _____

지영이가 별 모양의 끝에 구슬을 달려고 합니다. 숫자 5가 나타내는 값이 5000인 자리에는 노란색 구슬로 바꿔서 달려고 합니다. 노란색 구슬은 몇 개 필요한가요?

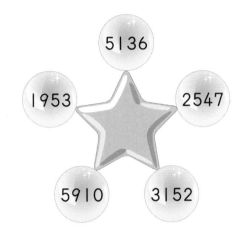

답 _____

 우진이네 가족의 전시관 입장료는 다음과 같습니다. 우진이네 가족이 전시관에 들어가는 데 내야 할 입장료는 모두 얼마인가요?

할머니	엄마	우진

무료

답 _____

코딩 7 명령대로 로봇을 움직였을 때 로봇이 만나는 점수만큼 모을 수 있습니다. 다음 명령에 따라 움직인 로봇은 몇 점을 모았나요?

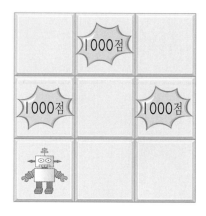

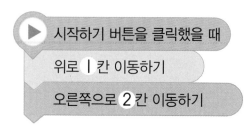

▶ 시작하기 버튼을 클릭했을 때

위로 1 칸 이동하기

오른쪽으로 2 칸 이동하기

답

코딩 8 다음 코딩을 실행하였을 때 결과를 구하세요.

▶ 시작하기 버튼을 클릭했을 때

수는 2734부터 시작

3 번 반복하기

1000씩 뛰어 세기

2734부터 시작하여
1번 반복하면
2734─3734야~

답

창의 **9** 5단 곱셈구구를 보고 특징을 설명한 것입니다. ☐ 안에 알맞은 수를 써넣으세요.

$5 \times 1 = 5$
$5 \times 2 = 10$
$5 \times 3 = 15$
$5 \times 4 = 20$
$5 \times 5 = 25$
$5 \times 6 = 30$
$5 \times 7 = 35$
$5 \times 8 = 40$
$5 \times 9 = 45$

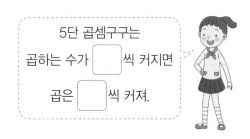

5단 곱셈구구는
곱하는 수가 ☐씩 커지면
곱은 ☐씩 커져.

1주
특강

창의 **10** 경훈이는 과녁 맞히기 놀이를 하여 그림과 같이 과녁을 맞혔습니다. 경훈이가 얻은 점수는 몇 점인지 구하세요.

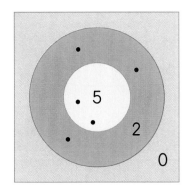

답 _____

2주 곱셈구구 / 길이 재기

2-1 곱셈

2+2+2는 2×3과 같아.
3번

2×3=6은 '2 곱하기 3은 6과 같습니다'라고 읽어.

1-1 과자의 수를 덧셈식과 곱셈식으로 나타내세요.

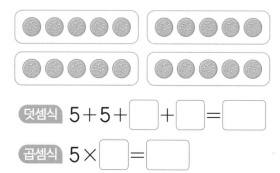

덧셈식 5+5+□+□=□

곱셈식 5×□=□

1-2 사탕의 수를 덧셈식과 곱셈식으로 나타내세요.

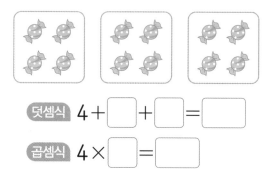

덧셈식 4+□+□=□

곱셈식 4×□=□

2-1 다음을 곱셈식으로 나타내세요.

3 곱하기 6은 18과 같습니다.

→ □×□=□

2-2 다음을 곱셈식으로 나타내세요.

2 곱하기 7은 14와 같습니다.

→ □×□=□

2-1 길이 재기

뼘이나 발 길이로 길이를 재면
재는 사람마다 길이가
다르게 나와.

그래서 ┠━━┨의 길이를
1 cm라고 단위를 약속해서
쓰는 거야.

2주
1일

3-1 1 cm를 바르게 2번 써 보세요.

| cm

3-2 다음을 읽어 보세요.

| 1 cm |

(   )

4-1 ☐ 안에 알맞은 수를 써넣으세요.

1 cm로 ☐ 번 ➜ ☐ cm

4-2 ☐ 안에 알맞은 수를 써넣으세요.

1 cm로 ☐ 번 ➜ ☐ cm

교과서 기초 개념

• 4단 곱셈구구

$$4 \times 1 = 4$$
$$4 \times 2 = 8$$
$$4 \times 3 = 12$$
$$4 \times 4 = 16$$
$$4 \times 5 = 20$$
$$4 \times 6 = 24$$
$$4 \times 7 = 28$$
$$4 \times 8 = 32$$
$$4 \times 9 = 36$$

$+4$ 씩

➡ 곱이 4씩 커집니다.

4×2

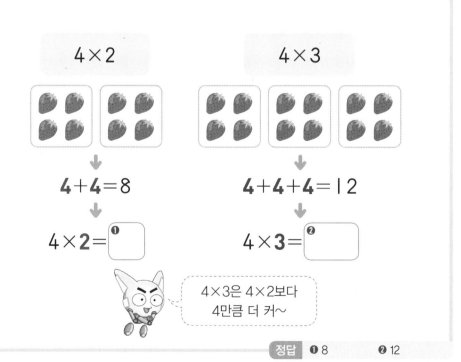

$$4 + 4 = 8$$

$4 \times 2 = $ ❶

4×3

$$4 + 4 + 4 = 12$$

$4 \times 3 = $ ❷

4×3은 4×2보다
4만큼 더 커~

정답   ❶ 8   ❷ 12

[**1**-1 ~ **1**-2] 사탕은 몇 개인지 ☐ 안에 알맞은 수를 써넣으세요.

1-1

$4 \times 1 = \boxed{}$

1-2

$4 \times 2 = \boxed{}$

[**2**-1 ~ **2**-2] 그림을 보고 ☐ 안에 알맞은 수를 써넣으세요.

2-1

$4 \times 4 = \boxed{}$

2-2

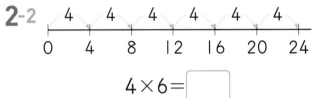

$4 \times 6 = \boxed{}$

2주
1일

3-1 ☐ 안에 알맞은 수를 써넣으세요.

$4 + 4 + 4 = \boxed{}$

➜ $4 \times \boxed{} = \boxed{}$

3-2 ☐ 안에 알맞은 수를 써넣으세요.

$4 + 4 + 4 + 4 + 4 + 4 + 4 = \boxed{}$

➜ $4 \times \boxed{} = \boxed{}$

4-1 빈칸에 알맞은 수를 써넣으세요.

×	4	5	6
4	16		

4-2 ☐ 안에 알맞은 수를 써넣으세요.

(1) $4 \times 8 = \boxed{}$

(2) $4 \times 9 = \boxed{}$

📖 교과서 기초 개념

• 8단 곱셈구구

$$8 \times 1 = 8$$
$$8 \times 2 = 16$$
$$8 \times 3 = 24$$
$$8 \times 4 = 32$$
$$8 \times 5 = 40$$
$$8 \times 6 = 48$$
$$8 \times 7 = 56$$
$$8 \times 8 = 64$$
$$8 \times 9 = 72$$

(각 줄 사이 +8)

➡ 곱이 8씩 커집니다.

8×2

↓

$8 + 8 = 16$

↓

$8 \times 2 = \boxed{①}$

8×3

↓

$8 + 8 + 8 = 24$

↓

$8 \times 3 = \boxed{②}$

8×3은 8×2보다 8만큼 더 커~

정답 ① 16   ② 24

▶ 정답 및 풀이 8쪽

[1-1 ~ 1-2] 구슬은 몇 개인지 ☐ 안에 알맞은 수를 써넣으세요.

1-1

$$8 \times 4 = \boxed{}$$

1-2

$$8 \times 5 = \boxed{}$$

[2-1 ~ 2-2] 그림을 보고 ☐ 안에 알맞은 수를 써넣으세요.

2-1

8	8	8

| 0 | 8 | 16 | 24 |

$$8 \times 3 = \boxed{}$$

2-2

| 8 | 8 | 8 | 8 | 8 | 8 |

| 0 | 8 | 16 | 24 | 32 | 40 | 48 |

$$8 \times 6 = \boxed{}$$

2주 1일

3-1 ☐ 안에 알맞은 수를 써넣으세요.

$$8+8+8+8+8 = \boxed{}$$

$$\rightarrow 8 \times \boxed{} = \boxed{}$$

3-2 ☐ 안에 알맞은 수를 써넣으세요.

$$8+8+8+8+8+8+8 = \boxed{}$$

$$\rightarrow 8 \times \boxed{} = \boxed{}$$

4-1 ☐ 안에 알맞은 수를 써넣으세요.

$$8 \times 1 = 8$$
$$8 \times 2 = 16$$
$$8 \times 3 = 24$$

8단 곱셈구구에서 곱이

☐ 씩 커집니다.

4-2 ☐ 안에 알맞은 수를 써넣으세요.

(1) $8 \times 8 = \boxed{}$

(2) $8 \times 9 = \boxed{}$

기초 집중 연습

1-1 ☐ 안에 알맞은 수를 써넣으세요.

$$4 \times 5 = \boxed{}$$

1-2 ☐ 안에 알맞은 수를 써넣으세요.

$$8 \times 2 = \boxed{}$$

2-1 빈 곳에 알맞은 수를 써넣으세요.

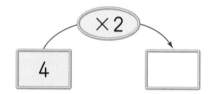

2-2 빈 곳에 알맞은 수를 써넣으세요.

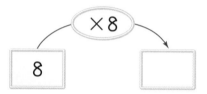

3-1 4단 곱셈구구의 값을 찾아 선으로 이어 보세요.

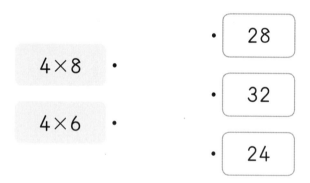

4×8	·	·	28
4×6	·	·	32
		·	24

3-2 8단 곱셈구구의 값을 찾아 선으로 이어 보세요.

8×3	·	·	24
		·	32
8×5	·	·	40

4-1 옳은 것을 찾아 기호를 써 보세요.

ㄱ 4×9=36　　ㄴ 4×7=30

(　　　　)

4-2 옳은 것을 찾아 기호를 써 보세요.

ㄱ 8×7=54　　ㄴ 8×4=32

(　　　　)

 연산 → 문장제 연습   4개씩은 4단, 8개씩은 8단 곱셈구구로 계산하자.

연산 ☐ 안에 알맞은 수를 써넣으세요.

$$4 \times 3 = \boxed{}$$

이 곱셈구구는
어떤 상황에서 이용될까요?

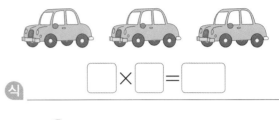

5-1 자동차 한 대의 바퀴는 4개입니다. 자동차 3대의 바퀴는 모두 몇 개인가요?

식 $\boxed{} \times \boxed{} = \boxed{}$

답 ＿＿＿＿＿＿＿＿＿＿＿

5-2 필통 한 개에 연필이 4자루씩 들어 있습니다. 필통 7개에 들어 있는 연필은 모두 몇 자루인가요?

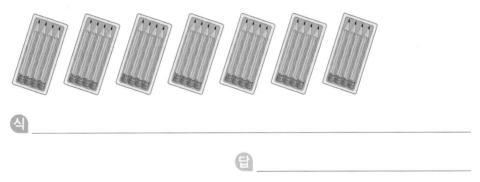

식 ＿＿＿＿＿＿＿＿＿＿＿＿＿＿＿＿

답 ＿＿＿＿＿＿＿＿＿

5-3 접시 한 개에 쿠키가 8개씩 놓여 있습니다. 접시 6개에 놓여 있는 쿠키는 모두 몇 개인가요?

식 ＿＿＿＿＿＿＿＿＿＿＿＿＿＿＿＿

답 ＿＿＿＿＿＿＿＿＿

2주
1일

안녕~ 난 깨비라고 해.

안녕~ 반가워~ 우리는 햇님, 달님이야~

근데 왜 고구마를 안 먹고 있어?

아~ 엄마 오시면 같이 먹으려고.

너희 참 착하구나~ 고구마를 7×3=21만큼 선물로 줄게.

고구마 21개~ 얍!

펑

이왕 주는 거 다른 맛있는 걸로 좀 주지…….

아…… 고구마를 좋아하는 줄 알았네.

 교과서 기초 개념

• 7단 곱셈구구

$$7 \times 1 = 7$$
$$7 \times 2 = 14$$
$$7 \times 3 = 21$$
$$7 \times 4 = 28$$
$$7 \times 5 = 35$$
$$7 \times 6 = 42$$
$$7 \times 7 = 49$$
$$7 \times 8 = 56$$
$$7 \times 9 = 63$$

+7 (각 단계마다)

→ 곱이 **7**씩 커집니다.

$$7 \times 2$$

$$7 + 7 = 14$$

$$7 \times 2 = \boxed{①}$$

$$7 \times 3$$

$$7 + 7 + 7 = 21$$

$$7 \times 3 = \boxed{②}$$

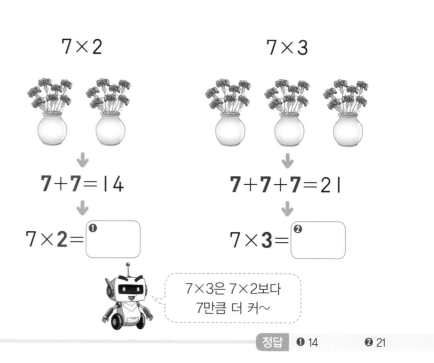

7×3은 7×2보다 7만큼 더 커~

정답 ❶ 14 　　❷ 21

개념 · 원리 확인

[**1**-1 ~ **1**-2] 나뭇잎은 몇 장인지 ☐ 안에 알맞은 수를 써넣으세요.

1-1

$$7 \times 4 = \boxed{}$$

1-2

$$7 \times 5 = \boxed{}$$

[**2**-1 ~ **2**-2] 그림을 보고 ☐ 안에 알맞은 수를 써넣으세요.

2-1

```
    7   7
  ⌒   ⌒
0    7    14
```

$$7 \times 2 = \boxed{}$$

2-2

```
    7   7   7   7   7   7
  ⌒   ⌒   ⌒   ⌒   ⌒   ⌒
0    7   14   21   28   35   42
```

$$7 \times 6 = \boxed{}$$

3-1 ☐ 안에 알맞은 수를 써넣으세요.

$$7 + 7 + 7 = \boxed{}$$

$$\rightarrow 7 \times \boxed{} = \boxed{}$$

3-2 ☐ 안에 알맞은 수를 써넣으세요.

$$7 + 7 + 7 + 7 = \boxed{}$$

$$\rightarrow 7 \times \boxed{} = \boxed{}$$

4-1 7단 곱셈구구를 완성하세요.

$$7 \times 1 = \boxed{}$$
$$7 \times 2 = \boxed{}$$
$$7 \times 3 = \boxed{}$$

4-2 7단 곱셈구구를 완성하세요.

$$7 \times 7 = \boxed{}$$
$$7 \times 8 = \boxed{}$$
$$7 \times 9 = \boxed{}$$

2주
2일

교과서 기초 개념

• 9단 곱셈구구

$$9 \times 1 = 9$$
$$9 \times 2 = 18$$ +9
$$9 \times 3 = 27$$ +9
$$9 \times 4 = 36$$ +9
$$9 \times 5 = 45$$ +9
$$9 \times 6 = 54$$ +9
$$9 \times 7 = 63$$ +9
$$9 \times 8 = 72$$ +9
$$9 \times 9 = 81$$ +9

➡ 곱이 9씩 커집니다.

9×2

↓

$$9 + 9 = 18$$

↓

$$9 \times 2 = \boxed{❶}$$

9×3

↓

$$9 + 9 + 9 = 27$$

↓

$$9 \times 3 = \boxed{❷}$$

9×3은 9×2보다 9만큼 더 커~

정답 ❶ 18   ❷ 27

[**1**-1 ~ **1**-2] 도넛은 몇 개인지 ☐ 안에 알맞은 수를 써넣으세요.

1-1

$9 \times 4 = $ ☐

1-2

$9 \times 5 = $ ☐

2-1 ☐ 안에 알맞은 수를 써넣으세요.

$9 + 9 + 9 = $ ☐

→ $9 \times$ ☐ $= $ ☐

2-2 ☐ 안에 알맞은 수를 써넣으세요.

$9 + 9 + 9 + 9 + 9 + 9 = $ ☐

→ $9 \times$ ☐ $= $ ☐

[**3**-1 ~ **3**-2] 구슬은 모두 몇 개인지 곱셈식으로 나타내세요.

3-1

$9 \times$ ☐ $= $ ☐

3-2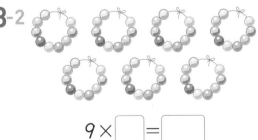

$9 \times$ ☐ $= $ ☐

4-1 빈 곳에 알맞은 수를 써넣으세요.

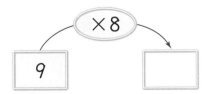

4-2 빈 곳에 알맞은 수를 써넣으세요.

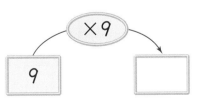

기초 집중 연습

기본 문제 연습

1-1 ☐ 안에 알맞은 수를 써넣으세요.

$$7 \times 6 = \boxed{}$$

1-2 ☐ 안에 알맞은 수를 써넣으세요.

$$9 \times 2 = \boxed{}$$

2-1 곱셈구구가 <u>잘못된</u> 것에 ×표 하세요.

$$7 \times 2 = 14 \qquad 7 \times 4 = 21$$

(   )   (   )

2-2 곱셈구구가 <u>잘못된</u> 것에 ×표 하세요.

$$9 \times 3 = 21 \qquad 9 \times 5 = 45$$

(   )   (   )

3-1 7단 곱셈구구의 값을 찾아 선으로 이어 보세요.

7×5 ·

7×7 ·

· 35

· 42

· 49

3-2 9단 곱셈구구의 값을 찾아 선으로 이어 보세요.

9×4 ·

9×7 ·

· 63

· 45

· 36

4-1 곱이 56인 것의 기호를 써 보세요.

㉠ 7×9 ㉡ 7×8

(   )

4-2 곱이 72인 것의 기호를 써 보세요.

㉠ 9×9 ㉡ 9×8

(   )

연산 → 문장제 연습 '■개씩 ▲묶음'은 ■×▲로 계산하자.

 □ 안에 알맞은 수를 써넣으세요.

$$7 \times 4 = \boxed{}$$

 이 곱셈구구는 어떤 상황에서 이용될까요?

5-1 공책이 한 묶음에 7권씩 있습니다. 공책 4묶음은 모두 몇 권인가요?

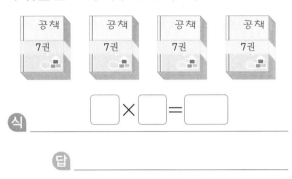

식 $\boxed{} \times \boxed{} = \boxed{}$

답 _____

5-2 볼펜이 한 묶음에 7자루씩 있습니다. 볼펜 9묶음은 모두 몇 자루인가요?

식 _____

답 _____

5-3 사탕이 한 봉지에 9개씩 들어 있습니다. 6봉지에 들어 있는 사탕은 모두 몇 개인가요?

식 _____

답 _____

교과서 기초 개념

• 1단 곱셈구구

×	1	2	3	4	5	6	7	8	9
1	1	2	3	4	5	6	7	8	❶

$$1 \times (어떤 수) = (어떤 수)$$

• 0의 곱

① **0**과 어떤 수의 곱은 항상 **0**입니다.
   예 $0 \times 1 = 0$, $0 \times 2 = 0$

② 어떤 수와 **0**의 곱은 항상 **0**입니다.
   예 $1 \times 0 = 0$, $2 \times 0 = $ ❷

$$0 \times (어떤 수) = 0, (어떤 수) \times 0 = 0$$

정답 ❶ 9   ❷ 0

[1-1 ~ 1-2] 빵은 몇 개인지 ☐ 안에 알맞은 수를 써넣으세요.

1-1

$1 \times 2 = \boxed{}$

1-2

$1 \times 3 = \boxed{}$

2-1 ☐ 안에 알맞은 수를 써넣으세요.

(1) $0 \times 2 = \boxed{}$

(2) $4 \times 0 = \boxed{}$

2-2 바르게 계산한 것에 ○표 하세요.

$3 \times 0 = 3$ $0 \times 5 = 0$

(   )   (   )

3-1 빈칸에 알맞은 수를 써넣으세요.

×	1	2	3	4	5
1	1				

3-2 빈칸에 알맞은 수를 써넣으세요.

×	1	2	3	4	5
0	0				

4-1 빈 곳에 알맞은 수를 써넣으세요.

1    $\times 9$

4-2 빈 곳에 알맞은 수를 써넣으세요.

7    $\times 0$

×	1	2	3	4	5	6	7	8	9
2	2	4	6	8	10	12	14	16	18
3	3	6	9	12	15	18	21	24	27

 교과서 기초 개념

• **곱셈표 알아보기** ── 세로줄과 가로줄이 만나는 칸에 두 수의 곱을 써넣어 만든 표입니다.

×	1	2	3	4	5	6	7	8	9
1	1	2	3	4	5	6	7	8	9
2	2	4	6	8	10	12	14	16	18
3	3	6	9	12	15	18	21	24	27
4	4	8	12	16	20	24	28	32	36
5	5	10	15	20	25	30	35	40	45
6	6	12	18	24	30	36	42	48	54
7	7	14	21	28	35	42	49	56	63
8	8	16	24	32	40	48	56	64	72
9	9	18	27	36	45	54	63	72	81

── 가로줄: 곱하는 수

8×9=72

── 세로줄: 곱해지는 수

① 2단 곱셈구구에서는 곱이 [❶ ⬜]씩 커집니다.

② 곱이 3씩 커지는 곱셈구구는 3단입니다.

③ 곱하는 두 수의 순서를 바꾸어 곱해도 곱은 같습니다.

예 2×3=6, 3×2=6

곱은 같습니다.

정답 ❶ 2

[1-1 ~ 1-2] 곱셈표를 보고 ☐ 안에 알맞은 수를 써넣으세요.

1-1

×	1	2	3	4	5	6	7	8	9
1	1	2	3	4	5	6	7	8	9
2	2	4	6	8	10	12	14	16	18

2단 곱셈구구에서는 곱이 ☐씩 커집니다.

1-2

×	1	2	3	4	5	6	7	8	9
3	3	6	9	12	15	18	21	24	27
4	4	8	12	16	20	24	28	32	36

4단 곱셈구구에서는 곱이 ☐씩 커집니다.

2-1 곱셈표를 보고 물음에 답하세요.

×	1	2	3	4
1	1	2	3	4
2	2	4	6	8
3	3	6	9	12
4	4	8	12	16

(1) ☐ 안에 알맞은 수를 써넣으세요.

$4 \times 2 = $ ☐ , $2 \times 4 = $ ☐

(2) 알맞은 말에 ○표 하세요.

4×2와 2×4의 곱은

(같습니다 , 다릅니다).

2-2 곱셈표를 보고 물음에 답하세요.

×	3	4	5	6
3	9	12	15	18
4	12	16	20	24
5	15	20	25	30
6	18	24	30	36

(1) 위의 곱셈표에서 5×4와 4×5를 찾아 색칠해 보세요.

(2) 5×4와 4×5의 곱은 같은가요, 다른가요?

(   )

[3-1 ~ 3-2] 빈칸에 알맞은 수를 써넣어 곱셈표를 완성하세요.

3-1

×	4	5	6
4	16	20	
5			30
6	24		36

3-2

×	7	8	9
7	49	56	
8			72
9	63	72	

기초 집중 연습

🐟 **기본 문제 연습**

1-1 ☐ 안에 알맞은 수를 써넣으세요.

$$1 \times 6 = \boxed{}$$

1-2 ☐ 안에 알맞은 수를 써넣으세요.

$$9 \times 0 = \boxed{}$$

2-1 빈칸에 알맞은 수를 써넣으세요.

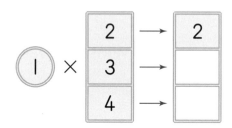

2-2 빈칸에 알맞은 수를 써넣으세요.

	5	→	0
0 ×	6	→	
	7	→	

3-1 바르게 계산한 것에 ◯표 하세요.

$$1 \times 7 = 1 \qquad 5 \times 0 = 0$$

(   )   (   )

3-2 바르게 계산한 것의 기호를 써 보세요.

| ㉠ $1 \times 8 = 8$ ㉡ $0 \times 8 = 8$ |

(   )

4-1 곱셈표를 완성하고 곱이 18보다 큰 곳에 모두 색칠해 보세요.

×	2	3	4	5
4	8	12		
5	10	15		

4-2 곱셈표를 완성하고 곱이 40보다 큰 곳에 모두 색칠해 보세요.

×	4	5	6	7
6	24	30		
7	28			

연산 → 기본 연습　■단 곱셈구구에서는 곱이 ■씩 커짐을 이용하자.

연산 곱셈표를 보고 □ 안에 알맞은 수를 써넣으세요.

×	1	2	3	4	5
2	2	4	6	8	10
3	3	6	9	12	15
4	4	8	12	16	20
5	5	10	15	20	25

4단 곱셈구구에서는 곱이

□씩 커집니다.

5-1 왼쪽의 곱셈표를 보고 바르게 설명한 것의 기호를 써 보세요.

> ㉠ 2단 곱셈구구에서는 곱이 3씩 커집니다.
>
> ㉡ 5단 곱셈구구에서는 곱이 5씩 커집니다.

답 _____

[**5**-2 ~ **5**-3] 곱셈표를 보고 물음에 답하세요.

×	1	2	3	4	5	6	7	8	9
6	6	12	18	24	30	36	42	48	54
7	7	14	21	28	35	42	49	56	63
8	8	16	24	32	40	48	56	64	72
9	9	18	27	36	45	54	63	72	81

5-2 위의 곱셈표를 보고 바르게 설명한 것의 기호를 써 보세요.

> ㉠ 곱이 8씩 커지는 곱셈구구는 9단입니다.
>
> ㉡ 6단 곱셈구구는 곱이 모두 짝수입니다.

답 _____

5-3 위의 곱셈표에서 곱이 54인 곱셈구구를 모두 찾아 써 보세요.

식　6 × □ , □ × □

_____

 교과서 기초 개념

1. **1 m**

   100 cm는 1 m와 같습니다.

    1 m　 **1 미터**

   100 cm = ❶ ☐ m

2. **몇 m 몇 cm**

   예 120 cm

   ↓

   100 cm　　20 cm

   1 m

   120 cm는 1 m보다 20 cm 더 깁니다.

    1 m 20 cm

    1 미터 20 센티미터

   120 cm = 1 m ❷ ☐ cm

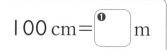

1-1 1 m를 바르게 2번 써 보세요.

1 m

1-2 2 m를 바르게 2번 써 보세요.

2 m

2-1 ☐ 안에 알맞은 수를 써넣으세요.

(1) 100 cm = ☐ m

(2) 200 cm = ☐ m

2-2 ☐ 안에 알맞은 수를 써넣으세요.

(1) 1 m = ☐ cm

(2) 6 m = ☐ cm

3-1 길이를 주어진 단위로 나타내고 읽어 보세요.

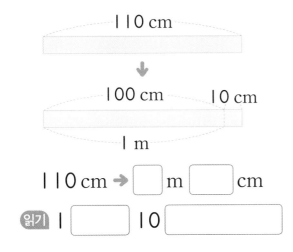

110 cm ➡ ☐ m ☐ cm

읽기 1 ☐ 10 ☐

3-2 길이를 주어진 단위로 나타내고 읽어 보세요.

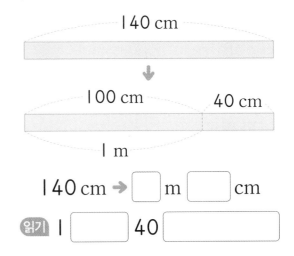

140 cm ➡ ☐ m ☐ cm

읽기 1 ☐ 40 ☐

4-1 ☐ 안에 알맞은 수를 써넣으세요.

190 cm = 100 cm + 90 cm

　　　 = ☐ m + 90 cm

　　　 = ☐ m ☐ cm

4-2 ☐ 안에 알맞은 수를 써넣으세요.

2 m 10 cm = 2 m + 10 cm

　　　　　 = ☐ cm + 10 cm

　　　　　 = ☐ cm

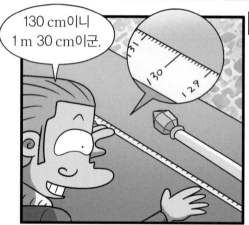

 교과서 기초 개념

1. 자 비교하기

자	줄자	곧은 자
같은 점	눈금이 있습니다.	
다른 점	길이가 깁니다.	길이가 짧습니다.
	접히거나 휘어집니다.	곧습니다.

 긴 길이를 잴 때 곧은 자는 여러 번 재어야 해서 줄자가 더 편해.

2. 줄자를 사용하여 길이 재기

① 책상의 **한끝을 줄자의 눈금 0에 맞춥니다.**
② 책상의 **다른 쪽 끝에 있는 줄자의 눈금을 읽습니다.**
➡ 눈금이 130이므로 책상의 길이는
130 cm=1 m ❶ ☐ cm입니다.

정답 ❶ 30

1-1 서랍장의 길이를 110 cm로 재었습니다. 맞으면 ○표, 틀리면 ×표 하세요.

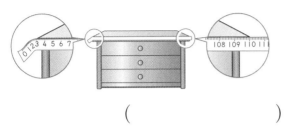

(   )

1-2 게시판의 길이를 140 cm로 재었습니다. 맞으면 ○표, 틀리면 ×표 하세요.

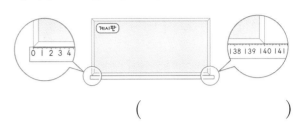

(   )

2-1 자의 눈금을 읽어 보세요.

[   ] cm

99   100   101   102   103

1 m

2-2 자의 눈금을 읽어 보세요.

[   ] cm

199   200   201   202   203

2 m

3-1 1 m보다 짧은 것에 ○표 하세요.

| 운동화의 길이 | 칠판 긴 쪽의 길이 |

(   )   (   )

3-2 1 m보다 긴 것에 ○표 하세요.

| 연필의 길이 | 교실 문의 높이 |

(   )   (   )

4-1 줄넘기의 길이를 구하세요.

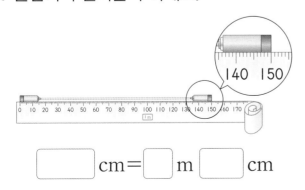

[   ] cm = [   ] m [   ] cm

4-2 나무 막대의 길이를 구하세요.

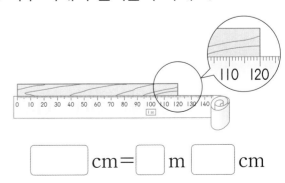

[   ] cm = [   ] m [   ] cm

2주
4일

기초 집중 연습

기본 문제 연습

[1-1 ~ 1-2] 다음이 나타내는 길이를 쓰고 바르게 읽어 보세요.

1-1
| 1 m보다 80 cm 더 긴 길이 |

쓰기 ☐ m ☐ cm

읽기 _____

1-2
| 2 m보다 15 cm 더 긴 길이 |

쓰기 ☐ m ☐ cm

읽기 _____

2-1 ☐ 안에 알맞은 수를 써넣으세요.

1 m 35 cm = ☐ cm

2-2 ☐ 안에 알맞은 수를 써넣으세요.

295 cm = ☐ m ☐ cm

[3-1 ~ 3-2] cm와 m 중 알맞은 단위를 ☐ 안에 써넣으세요.

3-1 (1) 색연필의 길이 ➡ 약 18 ☐

(2) 칠판 긴 쪽의 길이 ➡ 약 3 ☐

3-2 (1) 리코더의 길이 ➡ 약 30 ☐

(2) 침대 긴 쪽의 길이 ➡ 약 2 ☐

4-1 관계있는 것끼리 선으로 이어 보세요.

263 cm ·

206 cm ·

· 2 m 63 cm

· 2 m 60 cm

· 2 m 6 cm

4-2 관계있는 것끼리 선으로 이어 보세요.

4 m 17 cm ·

4 m 70 cm ·

· 417 cm

· 470 cm

· 471 cm

기초 → 문장제 연습 100 cm=1 m임을 이용하여 길이를 주어진 단위로 나타내자.

기초 ☐ 안에 알맞은 수를 써넣으세요.

240 cm = ☐ m ☐ cm

 100 cm=1 m임을 기억해.

5-1 준서의 줄넘기의 길이는 240 cm입니다. 준서의 줄넘기의 길이는 몇 m 몇 cm인가요?

답 _____

5-2 감나무의 높이는 360 cm입니다. 감나무의 높이는 몇 m 몇 cm인가요?

답 _____

5-3 진아가 가지고 있는 리본의 길이는 3 m 15 cm입니다. 진아가 가지고 있는 리본의 길이는 몇 cm인가요?

답 _____

5-4 민하의 말을 읽고 민하네 집 창문 긴 쪽의 길이는 몇 cm인지 구하세요.

 우리집 창문 긴 쪽의 길이는 4 m보다 55 cm 더 길어.

민하

답 _____

교과서 기초 개념

• 받아올림이 없는 길이의 합

예 1 m 40 cm + 1 m 30 cm의 계산

	cm끼리 계산하기	m끼리 계산하기
1 m 40 cm + 1 m 30 cm	→	1 m 40 cm + 1 m 30 cm 70 cm └ 40+30=70	→	1 m 40 cm + 1 m 30 cm 2 m 70 cm └ 1+1=2

cm는 cm끼리 더하고, m는 m끼리 더합니다.

1 m 40 cm + 1 m 30 cm = ❶□ m ❷□ cm

정답　❶ 2　　❷ 70

[1-1 ~ 1-2] 그림을 보고 ☐ 안에 알맞은 수를 써넣으세요.

1-1   2 m 20 cm   1 m 30 cm

2 m 20 cm+1 m 30 cm
=☐ m ☐ cm

1-2   1 m 50 cm   1 m 40 cm

1 m 50 cm+1 m 40 cm
=☐ m ☐ cm

2-1 ☐ 안에 알맞은 수를 써넣으세요.

```
    4 m  20 cm
+   2 m  10 cm
   ☐ m  ☐ cm
```

2-2 ☐ 안에 알맞은 수를 써넣으세요.

1 m 30 cm+2 m 35 cm

=☐ m ☐ cm

3-1 길이의 합을 구하세요.

```
  3 m 20 cm
+ 2 m 15 cm
```

3-2 길이의 합을 구하세요.

5 m 20 cm+1 m 55 cm

[4-1 ~ 4-2] 빈 곳에 알맞은 길이는 몇 m 몇 cm인지 써넣으세요.

4-1

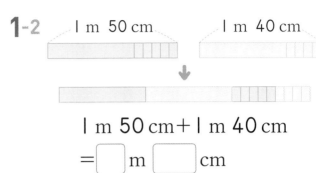

+2 m 40 cm

1 m 25 cm   ☐

4-2

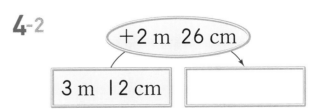

+2 m 26 cm

3 m 12 cm   ☐

길이 재기

길이의 합 (2)

교과서 기초 개념

• 받아올림이 있는 길이의 합

예 $2\,m\,60\,cm + 1\,m\,50\,cm$ 의 계산

	cm끼리 계산하기	m끼리 계산하기
	❶ ← cm의 계산에서 받아올림한 수	1

$$+\begin{array}{c|c} 2\,m & 60\,cm \\ 1\,m & 50\,cm \end{array}$$

→

$$+\begin{array}{c|c} 2\,m & 60\,cm \\ 1\,m & 50\,cm \\ \hline & 10\,cm \end{array}$$

60+50=110이므로
100 cm를 1 m로
받아올림합니다.

→

$$+\begin{array}{c|c} & 1 \\ 2\,m & 60\,cm \\ 1\,m & 50\,cm \\ \hline ❷\,m & 10\,cm \end{array}$$

1+2+1=4

 cm는 cm끼리 더하고,
m는 m끼리 더해.

cm끼리의 합이 100이거나 100보다 크면
100 cm를 1 m로 받아올림하여 계산해.

정답 ❶ 1   ❷ 4

1-1 ☐ 안에 알맞은 수를 써넣으세요.

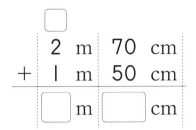

	☐		
	2	m	70 cm
+	1	m	50 cm
	☐	m	☐ cm

1-2 ☐ 안에 알맞은 수를 써넣으세요.

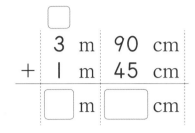

	☐		
	3	m	90 cm
+	1	m	45 cm
	☐	m	☐ cm

2-1 길이의 합을 구하세요.

$$6 \text{ m } 45 \text{ cm}$$
$$+ 2 \text{ m } 65 \text{ cm}$$

2-2 길이의 합을 구하세요.

$$1 \text{ m } 90 \text{ cm}$$
$$+ 1 \text{ m } 20 \text{ cm}$$

[**3**-1 ~ **3**-2] 빈 곳에 알맞은 길이는 몇 m 몇 cm인지 써넣으세요.

3-1

(+1 m 55 cm)

| 4 m 68 cm | → | ☐ |

3-2

(+2 m 83 cm)

| 2 m 75 cm | → | ☐ |

[**4**-1 ~ **4**-2] 두 길이의 합은 몇 m 몇 cm인지 구하세요.

4-1   1 m 83 cm   1 m 56 cm

(   )

4-2   2 m 60 cm   3 m 85 cm

(   )

기초 집중 연습

1-1 길이의 합을 구하세요.

| 2 m 35 cm + 1 m 55 cm |

(   )

1-2 길이의 합을 구하세요.

| 1 m 70 cm + 1 m 70 cm |

(   )

[**2**-1 ~ **2**-2] 그림을 보고 ☐ 안에 알맞은 수를 써넣으세요.

2-1 1 m 20 cm   2 m 30 cm

☐ m ☐ cm

2-2 3 m 65 cm   3 m 90 cm

☐ m ☐ cm

[**3**-1 ~ **3**-2] 계산에서 잘못된 곳을 찾아 바르게 계산하세요.

3-1

$$\begin{array}{r} 3 \text{ m } 16 \text{ cm} \\ + \ 1 \text{ m } \ 5 \text{ cm} \\ \hline 5 \text{ m } \ 1 \text{ cm} \end{array}$$ →

3-2

$$\begin{array}{r} 1 \text{ m } 85 \text{ cm} \\ + \ 1 \text{ m } 30 \text{ cm} \\ \hline 2 \text{ m } 15 \text{ cm} \end{array}$$ →

[**4**-1 ~ **4**-2] 색 테이프의 전체 길이는 몇 m 몇 cm인지 구하세요.

4-1 1 m 40 cm   1 m 12 cm

(   )

4-2 2 m 95 cm   4 m 50 cm

(   )

▶ 정답 및 풀이 12쪽

 연산 → 문장제 연습 cm는 cm끼리, m는 m끼리 계산하자.

 □ 안에 알맞은 수를 써넣으세요.

2 m 40 cm + 1 m 45 cm

= □ m □ cm

이 덧셈식은
어떤 상황에서 이용될까요?

5-1 사과나무의 높이는 2 m 40 cm이고, 소나무의 높이는 사과나무보다 1 m 45 cm만큼 더 높습니다. 소나무의 높이는 몇 m 몇 cm인가요?

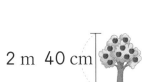

2 m 40 cm

?

식 _____

답 _____

5-2 아기 기린의 키는 2 m 15 cm이고, 아빠 기린의 키는 아기 기린보다 2 m 80 cm만큼 더 큽니다. 아빠 기린의 키는 몇 m 몇 cm인가요?

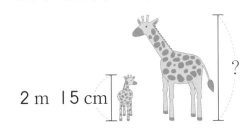

2 m 15 cm

?

식 _____

답 _____

5-3 빨간색 테이프의 길이는 3 m 52 cm이고, 파란색 테이프의 길이는 빨간색 테이프보다 1 m 75 cm만큼 더 깁니다. 파란색 테이프의 길이는 몇 m 몇 cm인가요?

식 _____

답 _____

2주
5일

1 1 m를 바르게 쓴 것에 ○표 하세요.

( )   ( )

2 그림을 보고 ☐ 안에 알맞은 수를 써넣으세요.

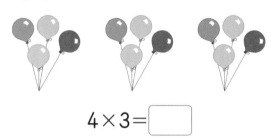

$4 \times 3 =$ ☐

3 그림을 보고 ☐ 안에 알맞은 수를 써넣으세요.

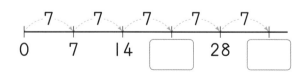

4 길이의 합을 구하세요.

(1)
$$\begin{array}{r} 2\ m\ 14\ cm \\ +\ 1\ m\ 50\ cm \\ \hline \end{array}$$

(2)
$$\begin{array}{r} 3\ m\ 40\ cm \\ +\ 2\ m\ 70\ cm \\ \hline \end{array}$$

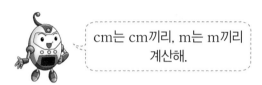

cm는 cm끼리, m는 m끼리 계산해.

5 곱셈구구의 값을 찾아 선으로 이어 보세요.

4×9 •

8×3 •

• 24

• 32

• 36

6 두 수의 곱을 구하세요.

| 0 | 4 |

( )

7 9단 곱셈표를 완성하고 ☐ 안에 알맞은 수를 써넣으세요.

×	1	2	3	4	5	6	7	8	9
9	9	18	27				63		81

9단 곱셈구구에서 곱하는 수가 1씩 커지면 그 곱은 ☐씩 커집니다.

8 코끼리의 키는 몇 m 몇 cm인가요?

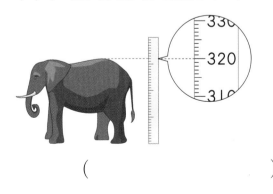

( )

9 사과가 한 상자에 8개씩 들어 있습니다. 5상자에 들어 있는 사과는 모두 몇 개인 가요?

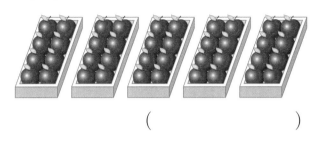

( )

10 두 나무 막대의 길이의 합은 몇 m 몇 cm인가요?

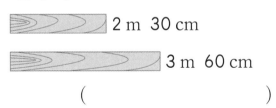

2 m 30 cm

3 m 60 cm

( )

특강 ‒‒‒‒‒ 창의·융합·코딩

암호를 풀자!

창의1 아름이가 암호가 적힌 종이를 가지고 왔습니다.

숫자 표에서 8단 곱셈구구를 모두 찾아 색칠한 후, 색칠한 칸과 같은 위치에 있는 글자를 글자 표에서 찾아 ◯표 하세요.

8	4	10
16	18	20
36	48	81

학	꽃	서
교	원	집
점	앞	옆

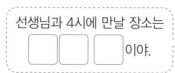선생님과 4시에 만날 장소는 ☐☐☐이야.

친구들이 가지고 온 리본은?

 진우, 선미, 준혁이가 리본을 하나씩 가지고 왔습니다.

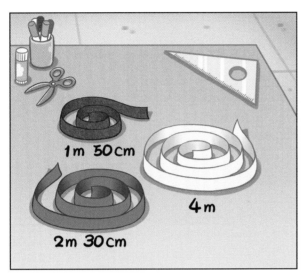

2주 특강

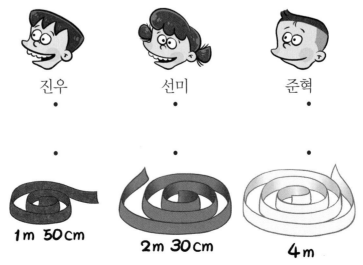

창의 **3** 금고의 문을 열려면 곱이 36인 버튼을 모두 눌러야 합니다. 금고를 열기 위해 눌러야 하는 버튼을 모두 찾아 ○표 하세요.

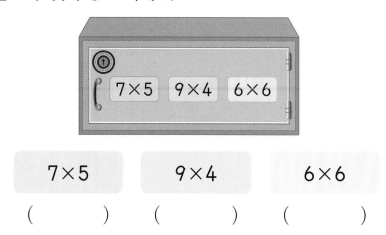

7×5	9×4	6×6
( )	( )	( )

융합 **4** 국제 축구 경기에서 사용하는 축구 골대의 크기는 다음과 같이 정해져 있습니다. 축구 골대에서 긴 쪽과 짧은 쪽의 길이는 각각 몇 m 몇 cm인가요?

732 cm

244 cm

답 긴 쪽 _____

짧은 쪽 _____

5 수현이의 말을 읽고 석가탑의 높이는 몇 m 몇 cm인지 구하세요.

내 키는 1 m 32 cm야.
석가탑의 높이는
내 키보다 9 m 43 cm
만큼 더 높아.

수현

답 _____

창의 6 수를 넣으면 0을 곱한 값이 나오는 마법 상자가 있습니다. 7을 넣으면 어떤 수가 나오나요?

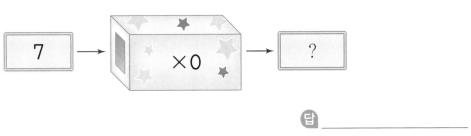

답 _____

창의 7 수를 넣으면 6을 곱한 값이 나오는 마법 상자가 있습니다. 1을 넣으면 어떤 수가 나오나요?

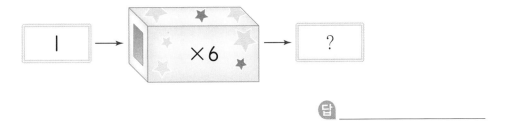

답 _____

2주
특강

코딩 8 순서도에 따라 '시작'에 4를 넣었을 때 출력되는 값을 구하세요.

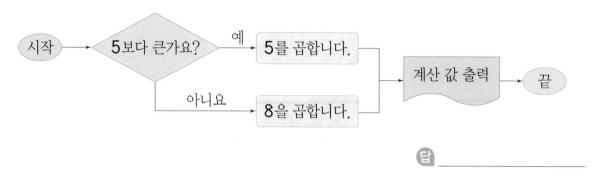

시작 → 5보다 큰가요? → 예 → 5를 곱합니다. → 계산 값 출력 → 끝

아니요 → 8을 곱합니다.

답 _____

코딩 9 ㉠ 로봇과 ㉡ 로봇의 블록 명령어는 다음과 같습니다. 시작하기 버튼을 클릭했을 때 ㉠ 로봇과 ㉡ 로봇은 각각 몇 cm 이동하나요?

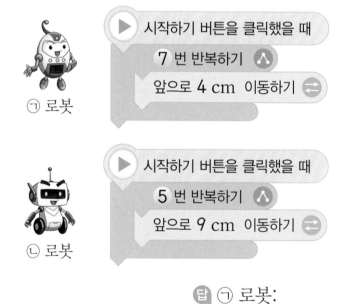

㉠ 로봇

▶ 시작하기 버튼을 클릭했을 때
7 번 반복하기
앞으로 4 cm 이동하기

㉡ 로봇

▶ 시작하기 버튼을 클릭했을 때
5 번 반복하기
앞으로 9 cm 이동하기

답 ㉠ 로봇: _____

㉡ 로봇: _____

블록 명령어에 따라 이동하려고 합니다. 다음과 같이 이동하였을 때 도착한 곳을 · 으로 표시하고, 움직인 거리는 몇 m인지 구하세요.

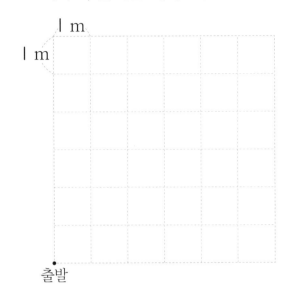

I m

I m

출발

▶ 시작하기 버튼을 클릭했을 때

오른쪽으로(→) 3칸 움직이기 ⇄

위쪽으로(↑) 5칸 움직이기 ⇄

왼쪽으로(←) 2칸 움직이기 ⇄

답 _____

2주

특강

창의 11 도움말 을 모두 만족하는 수를 구하세요.

도움말

· 26보다 큽니다.
· 8×4보다 작습니다.
· 7단 곱셈구구의 값입니다.

답 _____

3주 길이 재기 / 시각과 시간

3주에는 무엇을 공부할까? ①

2-1 길이 재기

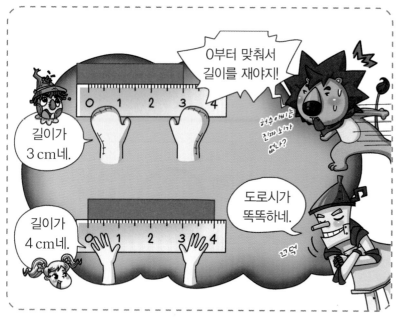

자로 길이를 잴 때는
① 물건의 한끝을 자의 눈금 0에 맞춘 후
② 물건의 다른 끝에 있는 자의 눈금을 읽어.

길이가 자의 눈금 사이에 있을 때는 가까이 있는 쪽의 숫자를 읽고 숫자 앞에 '약'을 붙여 말해.

1-1 사탕의 길이는 몇 cm인지 써 보세요.

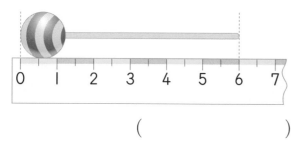

( )

1-2 건전지의 길이는 몇 cm인지 써 보세요.

( )

2-1 면봉의 길이는 약 몇 cm인지 □ 안에 알맞은 수를 써넣으세요.

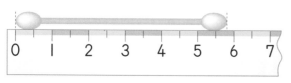

(1) 면봉의 길이는 □ cm에 가깝습니다.

(2) 면봉의 길이는 약 □ cm입니다.

2-2 선의 길이는 약 몇 cm인지 □ 안에 알맞은 수를 써넣으세요.

(1) 선의 길이는 □ cm에 가깝습니다.

(2) 선의 길이는 약 □ cm입니다.

1-2 시계 보기

짧은바늘이 6, 긴바늘이 12를 가리킬 때 시계는 6시를 나타내고 여섯 시라고 읽어.

짧은바늘이 1과 2 사이에 있고 긴바늘이 6을 가리킬 때 시계는 1시 30분을 나타내고 한 시 삼십 분이라고 읽어.

3주 1일

3-1 시각을 써 보세요.

(1)

☐시

(2)

☐시 ☐분

3-2 시각을 써 보세요.

(1)

(　　　)

(2)

(　　　)

4-1 같은 시각끼리 선으로 이어 보세요.

  ·

· 9시

·

· 7시 30분

4-2 같은 시각끼리 선으로 이어 보세요.

  ·

· 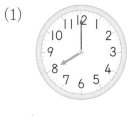12:30

  ·

· 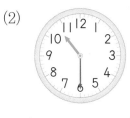2:00

• **91**

🐼 **교과서 기초 개념**

• **받아내림이 없는 길이의 차**

📄 2 m 80 cm − 1 m 50 cm의 계산

$$
\begin{array}{r@{\,}r@{\,}l}
  & 2\text{ m} & 80\text{ cm} \\
- & 1\text{ m} & 50\text{ cm} \\
\hline
  &   &
\end{array}
\quad\rightarrow\quad
\begin{array}{r@{\,}r@{\,}l}
  & 2\text{ m} & 80\text{ cm} \\
- & 1\text{ m} & 50\text{ cm} \\
\hline
  &   & 30\text{ cm}
\end{array}
\quad\rightarrow\quad
\begin{array}{r@{\,}r@{\,}l}
  & 2\text{ m} & 80\text{ cm} \\
- & 1\text{ m} & 50\text{ cm} \\
\hline
  & 1\text{ m} & 30\text{ cm}
\end{array}
$$

└─ 80−50=30
cm끼리 계산하기

└─ 2−1=1
m끼리 계산하기

---

cm는 cm끼리 빼고, m는 m끼리 뺍니다.

2 m 80 cm − 1 m 50 cm = ❶ ☐ m ❷ ☐ cm

[1-1 ~ 1-2] 그림을 보고 ☐ 안에 알맞은 수를 써넣으세요.

1-1

2 m   60 cm

l m   30 cm

2 m 60 cm − l m 30 cm

= ☐ m ☐ cm

1-2

3 m   50 cm

2 m   l0 cm

3 m 50 cm − 2 m l0 cm

= ☐ m ☐ cm

2-1 ☐ 안에 알맞은 수를 써넣으세요.

7 m 90 cm − l m l0 cm

= (7 m − ☐ m)

+ (90 cm − ☐ cm)

= ☐ m ☐ cm

2-2 ☐ 안에 알맞은 수를 써넣으세요.

6 m 35 cm − 2 m l2 cm

= (6 m − ☐ m)

+ (35 cm − ☐ cm)

= ☐ m ☐ cm

3-1 길이의 차를 구하세요.

(1)   8 m 60 cm
     − 5 m 20 cm

(2) 5 m 72 cm − 3 m 30 cm

3-2 길이의 차를 구하세요.

(1)   9 m 87 cm
     − 4 m l6 cm

(2) 7 m 38 cm − 4 m l6 cm

4-1 빈 곳에 알맞은 길이는 몇 m 몇 cm인지 써넣으세요.

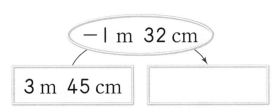

4-2 빈 곳에 알맞은 길이는 몇 m 몇 cm인지 써넣으세요.

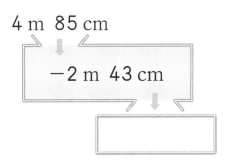

교과서 기초 개념

• 받아내림이 있는 길이의 차

예 4 m 20 cm − 1 m 70 cm 의 계산

cm의 계산으로 받아내림하고 남은 수

$$
\begin{array}{r}
4\ \text{m}\ 20\ \text{cm} \\
-\ 1\ \text{m}\ 70\ \text{cm} \\
\hline
\end{array}
\rightarrow
\begin{array}{r}
\overset{3}{\cancel{4}}\ \text{m}\quad \overset{❶}{\boxed{}} \\
\quad 20\ \text{cm} \\
-\ 1\ \text{m}\quad 70\ \text{cm} \\
\hline
50\ \text{cm}
\end{array}
\rightarrow
\begin{array}{r}
\overset{3}{\cancel{4}}\ \text{m}\quad \overset{100}{20}\ \text{cm} \\
-\ 1\ \text{m}\quad 70\ \text{cm} \\
\hline
2\ \text{m}\ \overset{❷}{\boxed{}}\ \text{cm}
\end{array}
$$

└ 100+20−70=50
cm끼리 계산하기

└ 4−1−1=2
m끼리 계산하기

cm는 cm끼리 빼고,
m는 m끼리 빼.

cm끼리 뺄 수 없으면
1 m를 100 cm로 받아내림하여 계산하면 돼.

정답 ❶ 100   ❷ 50

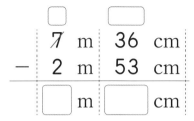

1-1 ☐ 안에 알맞은 수를 써넣으세요.

```
      ☐       ☐
    9 m │ 30 cm
  − 5 m │ 40 cm
  ───────────────
    ☐ m │ ☐ cm
```

1-2 ☐ 안에 알맞은 수를 써넣으세요.

```
      ☐       ☐
    7 m │ 36 cm
  − 2 m │ 53 cm
  ───────────────
    ☐ m │ ☐ cm
```

2-1 길이의 차를 구하세요.

(1)
```
    8 m 20 cm
  − 4 m 65 cm
```

(2) 4 m 23 cm − 2 m 38 cm

2-2 길이의 차를 구하세요.

(1)
```
    5 m 15 cm
  − 1 m 35 cm
```

(2) 6 m 58 cm − 3 m 69 cm

3주
1일

3-1 ☐ 안에 알맞은 수를 써넣으세요.

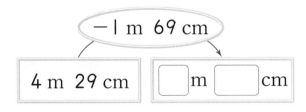

3-2 ☐ 안에 알맞은 수를 써넣으세요.

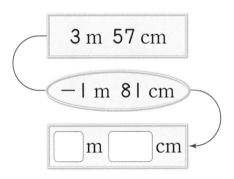

[**4**-1 ~ **4**-2] 그림을 보고 ☐ 안에 알맞은 수를 써넣으세요.

4-1

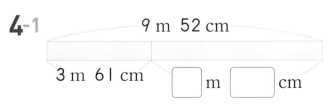

4-2

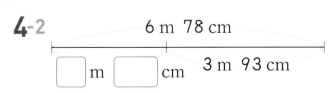

기초 집중 연습

[1-1 ~ 1-2] 길이의 차를 구하세요.

1-1

$$\begin{array}{r} 2 \ \text{m} \ \ 90 \ \text{cm} \\ -\ 1 \ \text{m} \ \ 80 \ \text{cm} \\ \hline \end{array}$$

☐ m ☐ cm

1-2

$$\begin{array}{r} 6 \ \text{m} \ \ 40 \ \text{cm} \\ -\ 4 \ \text{m} \ \ 50 \ \text{cm} \\ \hline \end{array}$$

☐ m ☐ cm

[2-1 ~ 2-2] 두 길이의 차는 몇 m 몇 cm인지 구하세요.

2-1

| 7 m 64 cm | 420 cm |

( )

2-2

| 539 cm, 1 m 71 cm |

( )

3-1 사용한 색 테이프의 길이는 몇 m 몇 cm 인가요?

처음 길이 ⌐ 3 m 53 cm ⌐

남은 길이 ⌐ 1 m ⌐

( )

3-2 남은 리본의 길이는 몇 m 몇 cm인가요?

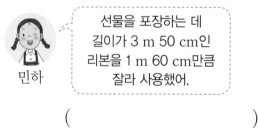

민하

선물을 포장하는 데 길이가 3 m 50 cm인 리본을 1 m 60 cm만큼 잘라 사용했어.

( )

4-1 더 긴 길이에 ○표 하세요.

| 9 m 95 cm−4 m 14 cm | ( ) |

| 7 m 58 cm−1 m 65 cm | ( ) |

4-2 더 짧은 길이의 기호를 써 보세요.

| ㉠ 8 m 59 cm−3 m 49 cm |
| ㉡ 6 m 43 cm−1 m 62 cm |

( )

연산 → 문장제 연습 '늘어난', '~보다 더 긴(짧은)'은 길이의 차로 구하자.

연산 길이의 차를 구하세요.

$$
\begin{array}{r}
3 \ \text{m} \ \ 59 \ \text{cm} \\
- \ 2 \ \text{m} \ \ 13 \ \text{cm} \\
\hline
\boxed{} \ \text{m} \ \boxed{} \ \text{cm}
\end{array}
$$

이 길이의 차가 실생활에서는 어떻게 이용될까요?

5-1 처음 고무줄의 길이와 양쪽에서 잡아당긴 고무줄의 길이입니다. 늘어난 고무줄의 길이는 몇 m 몇 cm인가요?

처음 길이	잡아당긴 길이
2 m 13 cm	3 m 59 cm

식 _____

답 _____

5-2 길이가 6 m 90 cm인 고무줄을 발에 묶고 멀리뛰기를 했더니 고무줄이 8 m 20 cm가 되었습니다. 늘어난 고무줄의 길이는 몇 m 몇 cm인가요?

식 _____

답 _____

5-3 밧줄로 운동장에 삼각형을 만들었습니다. 가장 긴 변의 길이는 가장 짧은 변의 길이보다 몇 m 몇 cm 더 긴가요?

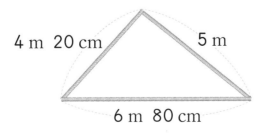

4 m 20 cm   5 m

6 m 80 cm

답 _____

교과서 기초 개념

1. 몸의 일부를 이용하여 1 m 재어 보기

걸음과 뼘으로 1 m가 각각 몇 번인지 재어 봅니다.

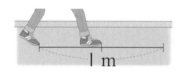
약 **2**걸음

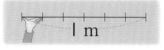
약 ❶ 뼘

걸음은 뼘에 비해 긴 길이를 잴 때 좋아.

2. 몸에서 1 m가 되는 부분 찾아보기

키에서 약 1 m 찾기

양팔을 벌린 길이에서 약 1 m 찾기

키에서 1 m를 찾으면 발바닥에서 어깨까지의 길이이고 양팔을 벌린 길이에서 1 m를 찾으면 한쪽 손 끝에서 다른 쪽 손 손목까지의 길이야.

정답 ❶ 6

1-1 그림에서 1 m는 약 몇 뼘인가요?

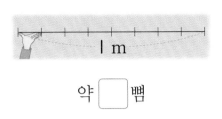

약 ☐ 뼘

1-2 그림에서 2 m는 약 몇 걸음인가요?

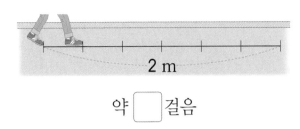

약 ☐ 걸음

2-1 몸에서 약 1 m를 나타내는 부분을 바르게 표시한 것에 △표 하세요.

(　)　　(　)

2-2 몸에서 약 1 m를 나타내는 부분을 바르게 표시하지 <u>않은</u> 것에 ○표 하세요.

(　)　　(　)

[**3-1 ~ 3-2**] 양팔을 벌린 길이가 1 m일 때 끈의 길이를 어림하려고 합니다. ☐ 안에 알맞은 수를 써넣으세요.

3-1

약 ☐ m

3-2

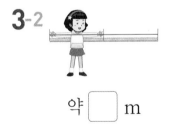

약 ☐ m

4-1 내 키보다 짧은 물건에 ○표 하세요.

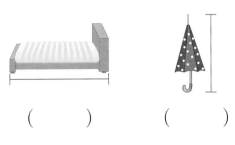

(　)　　(　)

4-2 내 키보다 긴 물건에 △표 하세요.

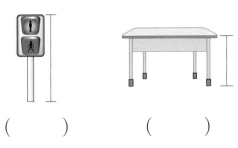

(　)　　(　)

 교과서 기초 개념

1. 축구 골대 긴 쪽의 길이 어림하기

양팔을 벌린 길이는 1 m 20 cm이고 축구 골대 긴 쪽의 길이는 4번보다 조금 더 길므로 약 5 m로 어림했습니다.

> 길이를 알고 있는 몸의 일부나 물건을 이용하여 긴 길이를 어림해.

2. 10 m인 길이 어림하기

예 ——— 10번 ———

길이가 1 m인 우산으로 10번이므로 약 [①   ] m입니다.

예 ——— 20걸음 ———

한 걸음에 50 cm인 걸음으로 20 걸음이므로 약 [②   ] m입니다.

정답 ❶ 10   ❷ 10

1-1 화단을 양팔을 벌린 길이 Ⅰm로 5번 재었습니다. 화단의 길이는 약 몇 m인가요?

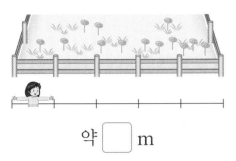

약 ☐ m

1-2 주어진 Ⅰm로 철사의 길이를 어림하였습니다. 철사의 길이는 약 몇 m인가요?

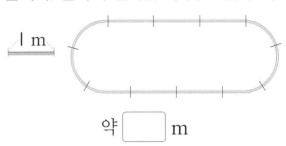

약 ☐ m

[**2-1 ~ 2-2**] Ⅰm를 이용하여 주어진 끈의 길이는 약 몇 m인지 어림하려고 합니다. ☐ 안에 알맞은 수를 써넣으세요.

├─────────┤ Ⅰm

2-1 ────────────────

→ Ⅰm로 ☐ 번이므로 약 ☐ m입니다.

2-2 ──────────

→ Ⅰm로 ☐ 번이므로 약 ☐ m입니다.

3주
2일

[**3-1 ~ 3-2**] 실제 길이에 가까운 것을 찾아 선으로 이어 보세요.

3-1

야구 방망이

3층 건물의 높이

•

•

Ⅰm   Ⅰ0 m

3-2

코끼리의 키   수영 경기장의 긴 쪽

•   •

25 m   3 m

기본 문제 연습

1-1 1 m는 발길이로 약 몇 번인가요?

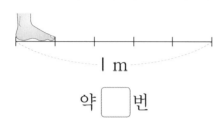

1 m

약 [ ] 번

1-1 주어진 2 m를 보고 두 깃발 사이의 거리는 약 몇 m인지 구하세요.

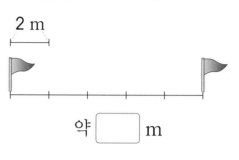

2 m

약 [ ] m

2-1 매트 긴 쪽의 길이는 연우의 걸음으로 약 4걸음입니다. ☐ 안에 알맞은 수를 써넣으세요.

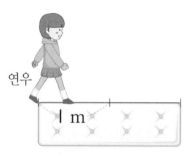

연우

1 m

두 걸음의 길이: 약 [ ] m

➔ 매트 긴 쪽의 길이: 약 [ ] m

2-2 방문 짧은 쪽의 길이는 약 몇 m인지 구하세요.

내 한 걸음은 55 cm야.

약 ( )

3-1 길이가 1 m보다 긴 것을 찾아 기호를 써 보세요.

ⓐ 색연필의 길이
ⓑ 방문의 높이
ⓒ 운동화의 길이

( )

3-2 길이가 5 m보다 긴 것을 찾아 기호를 써 보세요.

ⓐ 냉장고의 높이
ⓑ 침대 긴 쪽의 길이
ⓒ 운동장 짧은 쪽의 길이

( )

기본 → 문장제 연습　몸의 일부의 길이가 길수록 재는 횟수가 적음을 이용하자.

기본 소파의 길이를 잴 때 재는 횟수가 더 적은 것의 기호를 써 보세요.

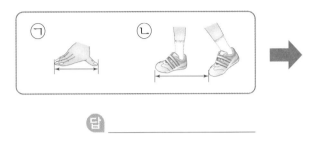

답 _____

4-1 칠판 긴 쪽의 길이를 걸음으로 재었을 때보다 재는 횟수가 더 적었다면 어떤 방법으로 잰 것인지 기호를 써 보세요.

답 _____

4-2 분수대의 길이를 걸음으로 재었을 때보다 재는 횟수가 더 많았다면 어떤 방법으로 잰 것인지 기호를 써 보세요.

답 _____

3주 2일

4-3 교실 긴 쪽의 길이를 몸의 일부의 길이가 더 긴 것으로 재었더니 4번이었습니다. 교실 긴 쪽의 길이는 약 몇 m인가요?

125 cm　　　50 cm

답 약 ☐ m

교과서 기초 개념

• 몇 시 몇 분 (1) - 5분 단위까지의 시각

> 시계의 긴바늘이 가리키는 숫자가 **1**이면 5분, **2**이면 10분, **3**이면 15분······을 나타냅니다.

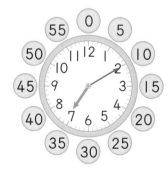

① 짧은바늘: 7과 8 사이를 가리키므로 7시입니다.

② 긴바늘: 2를 가리키므로 10분입니다.

➡ 시계가 나타내는 시각: 7시 [❶   ] 분

시계의 긴바늘이 가리키는 숫자가 1씩 커지면 5분씩 늘어나게 돼.

정답 ❶ 10

1-1 시계에서 각각의 숫자가 몇 분을 나타내는지 빈 곳에 써넣으세요.

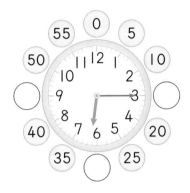

1-2 시계에서 각각의 숫자가 몇 분을 나타내는지 표를 완성하세요.

숫자	2	5	8	11
분				

2-1 시계를 보고 ☐ 안에 알맞은 수를 써넣으세요.

┌ 짧은바늘: 6과 ☐ 사이

└ 긴바늘: ☐

➡ 시각: ☐시 ☐분

2-2 시계를 보고 ☐ 안에 알맞은 수를 써넣으세요.

┌ 짧은바늘: ☐와 ☐ 사이

└ 긴바늘: ☐

➡ 시각: ☐시 ☐분

3-1 시각을 읽어 보세요.

☐시 ☐분

3-2 시각을 읽어 보세요.

☐시 ☐분

[4-1 ~ 4-2] 시각에 맞게 긴바늘을 그려 넣으세요.

4-1

4시 40분 ➡

4-2

5시 5분 ➡

3주
3일

안녕~ 난 야수야. 미녀가 내 마음을 몰라줘서 슬프군.

7시 12분이네.

으~ 2분 지났는데 아가씨는 왜 안 오지?

① 짧은바늘: 7과 8 사이 → 7시
② 긴바늘: 2(10분)에서 작은 눈금 2칸 더 간 곳 → 12분
➜ 시각: 7시 12분

야수님!

아가씨, 오셨군요.

제가 점심을 늦게 먹어 배가 부르네요. 식사하는 것은 어렵겠어요. 저는 먼저 방에 올라갈게요.

휙

이크!

꼬르륵

어?! 배에서 지금 소리가 난 거 같은데~

🐻 **교과서 기초 개념**

- **몇 시 몇 분** (2) – 1분 단위까지의 시각

> 시계에서 긴바늘이 가리키는 **작은 눈금 한 칸**은 **1분**을 나타냅니다.

① 짧은바늘: 7과 8 사이를 가리키므로 7시입니다.
② 긴바늘: 2(10분)에서 작은 눈금 2칸 더 간 곳을 가리키므로 12분입니다.

➜ 시계가 나타내는 시각: 7시 [❶] 분

몇 분을 읽을 때는 긴바늘이 어떤 숫자에서 작은 눈금 몇 칸을 더 갔는지 살펴봐.

정답 ❶ 12

1-1 시계를 보고 ☐ 안에 알맞은 수를 써넣으세요.

> 짧은바늘은 **8**과 **9** 사이, 긴바늘은 **4**에서 작은 눈금 ☐ 칸 더 간 곳을 가리키므로 **8**시 ☐ 분입니다.

1-2 시계를 보고 ☐ 안에 알맞은 수를 써넣으세요.

> 짧은바늘은 ☐ 와/과 **4** 사이, 긴바늘은 **8**에서 작은 눈금 ☐ 칸 더 간 곳을 가리키므로 **3**시 ☐ 분입니다.

2-1 시각을 읽어 보세요.

☐ 시 ☐ 분

2-2 시각을 읽어 보세요.

☐ 시 ☐ 분

[3-1 ~ 3-2] 시각에 맞게 긴바늘을 그려 넣으세요.

3-1

2시 46분 →

3-2

9시 27분 →

기초 집중 연습

🐟 **기본 문제 연습**

1-1 시각을 읽어 보세요.

(   )

1-2 시각을 읽어 보세요.

(   )

2-1 같은 시각끼리 선으로 이어 보세요.

·   ·

3시 45분   12시 20분

2-2 같은 시각끼리 선으로 이어 보세요.

6시 52분 ·

5시 43분 ·

·

·

3-1 11시 13분을 시계에 나타낸 것입니다. <u>잘못</u> 나타낸 사람의 이름을 써 보세요.

태형   희재

(   )

3-2 오른쪽 시계의 시각을 바르게 나타낸 사람의 이름을 써 보세요.

혜리   나래   경진

(   )

기초 → 기본 연습 ■시 ●분에서 ●분은 시계의 긴바늘이 가리키는 숫자를 알아보자.

기초 주어진 시각을 시계에 나타내려면 긴바늘은 어떤 숫자를 가리키도록 그려야 하나요?

5시 35분

답 _____

4-1 미래의 생일파티 초대장입니다. 초대장에 적힌 시각에 맞게 긴바늘을 그려 넣으세요.

4-2 윤기가 좋아하는 만화 영화가 시작할 때 시계를 보았더니 왼쪽과 같았습니다. 만화 영화가 시작한 시각에 맞게 긴바늘을 그려 넣으세요.

4-3 대화를 보고 두 사람이 만나기로 한 시각을 구하고, 시곗바늘을 그려 넣으세요.

- 지아: 우리가 만나기로 한 시각이 몇 시 몇 분이지?
- 성재: 짧은바늘은 4와 5 사이를 가리키고 긴바늘은 3에서 작은 눈금 2칸 더 간 곳을 가리키는 시각에 만나기로 했어.

답 _____

아~ 저녁을 굶었더니 너무 배가 고프다 ~힝~

주방에 가서 먹을 것 좀 챙겨와야겠어.

살금 살금

빨리 마무리하고 갑시다.

헉! 누가 있었네.

벌써 10시 10분 전 이라구요.

9시 50분이잖아요. 곧 끝나요.

9시 50분에서 10시가 되려면 10분이 더 지나야 합니다.
➜ 9시 50분은 10시 10분 전입니다.

이제 갑시다.

휴~ 이제 가는 군.

와~ 맛있겠다! 방에 가서 먹어야지.

척

 교과서 기초 개념

•몇 시 몇 분 전

10분 전

50분

시계가 나타내는 시각은 7시 50분이야.

8시가 되려면 10분이 더 지나야 합니다.

7시 50분은 8시가 되기 분 전의 시각과 같으므로 8시 10분 전입니다.

7시 50분을 8시 10분 전이라고도 합니다.

정답 ❶ 10

1-1 시계를 보고 □ 안에 알맞은 수를 써넣으세요.

4시가 되려면 □분이 더 지나야 합니다.

➡ 4시 □분 전

1-2 시계를 보고 □ 안에 알맞은 수를 써넣으세요.

(1) 시계가 나타내는 시각은 5시 □분입니다.

(2) 6시가 되려면 □분이 더 지나야 합니다.

(3) 6시 □분 전입니다.

2-1 시각을 두 가지 방법으로 읽어 보세요.

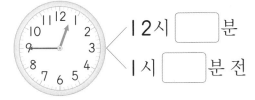

12시 □분

1시 □분 전

2-2 시각을 두 가지 방법으로 읽어 보세요.

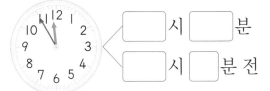

□시 □분

□시 □분 전

3-1 □ 안에 알맞은 수를 써넣으세요.

(1) 1시 55분은 2시 □분 전입니다.

(2) 8시 50분은 □시 10분 전입니다.

3-2 □ 안에 알맞은 수를 써넣으세요.

(1) 3시 15분 전은 □시 45분입니다.

(2) 11시 10분 전은 □시 50분입니다.

4-1 시각에 맞게 긴바늘을 그려 넣으세요.

2시 15분 전

4-2 시각에 맞게 긴바늘을 그려 넣으세요.

9시 5분 전

 교과서 기초 개념

1. 1시간

60분: 시계의 긴바늘이 한 바퀴 도는 데 걸리는 시간

긴바늘이 한 바퀴 도는 동안 짧은바늘도 숫자와 숫자 사이를 1칸 움직여.

$$1시간 = 60분$$

2. 걸린 시간 구하기

㉆ 7시에서 8시 20분까지의 시간 구하기

7시 10분 20분 30분 40분 50분 8시 10분 20분 30분 40분 50분 9시

➡ 시간: ❶[　]시간 20분 = 80분

1시간 20분
=1시간+20분
=60분+20분
=80분

정답 ❶ 1

1-1 요리를 하는 데 걸린 시간을 구하세요.

요리를 시작한 시각   요리를 끝낸 시각

◻️시   ◻️시

➡ 요리를 하는 데 걸린 시간: ◻️시간

1-2 공부를 하는 데 걸린 시간을 구하세요.

공부를 시작한 시각   공부를 끝낸 시각

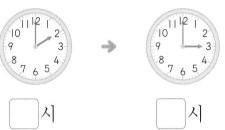

◻️시   ◻️시

➡ 공부를 하는 데 걸린 시간: ◻️시간

2-1 ◻️ 안에 알맞은 수를 써넣으세요.

(1) 1시간 30분 = 1시간 + 30분

   = ◻️분 + 30분

   = ◻️분

(2) 2시간 15분

   = 2시간 + ◻️분

   = 60분 + 60분 + ◻️분

   = ◻️분

2-2 ◻️ 안에 알맞은 수를 써넣으세요.

(1) 70분 = 60분 + ◻️분

   = 1시간 + ◻️분

   = 1시간 ◻️분

(2) 155분 = 60분 + ◻️분 + 35분

   = ◻️시간 + 35분

   = ◻️시간 ◻️분

3-1 준희가 청소를 하는 데 걸린 시간은 몇 분인지 시간 띠에 나타내고 구하세요.

청소를 시작한 시각   청소를 끝낸 시각

7시   10분   20분   30분   40분   50분   8시

◻️분

3-2 태형이가 축구를 하는 데 걸린 시간은 몇 분인지 시간 띠에 나타내고 구하세요.

축구를 시작한 시각   축구를 끝낸 시각

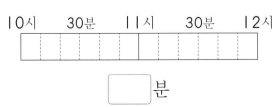

10시   30분   11시   30분   12시

◻️분

기초 집중 연습

1-1 시각을 두 가지 방법으로 읽어 보세요.

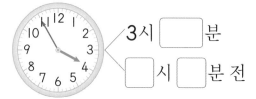

3시 ⬜ 분

⬜ 시 ⬜ 분 전

1-2 시각을 두 가지 방법으로 읽어 보세요.

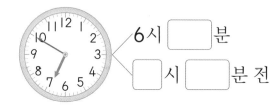

6시 ⬜ 분

⬜ 시 ⬜ 분 전

2-1 ⬜ 안에 알맞은 수를 써넣으세요.

Ⅰ시간 55분 = ⬜ 분

2-2 ⬜ 안에 알맞은 수를 써넣으세요.

2Ⅰ0분 = ⬜ 시간 ⬜ 분

3-1 주어진 시각을 시계에 바르게 나타낸 것에 ○표 하세요.

5시 Ⅰ0분 전

( ) ( )

3-2 8시 5분 전을 시계에 바르게 나타낸 것에 ○표 하세요.

( ) ( )

4-1 시간을 바르게 나타낸 것을 찾아 기호를 써 보세요.

> ㉠ ⅠⅠ0분 = Ⅰ시간 Ⅰ0분
> ㉡ 90분 = Ⅰ시간 30분

( )

4-2 바르게 말한 사람의 이름을 써 보세요.

1시간 25분은
85분이야.

105분은
2시간 45분이야.

민호 태연

( )

▶ 정답 및 풀이 18쪽

 기초 → 기본 연습 1시간=60분임을 이용하여 시간의 단위를 같게 하여 비교하자.

기초 □ 안에 알맞은 수를 써넣으세요.

(1) 140분= □ 시간 □ 분

(2) 2시간 15분= □ 분

시간의 단위를 같게 하여 비교해 볼까요?

5-1 더 짧은 시간을 말한 사람의 이름을 써 보세요.

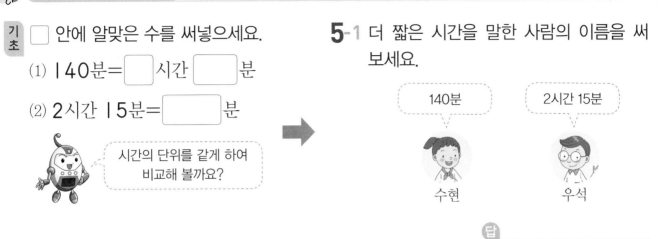

140분

2시간 15분

수현

우석

답 _____

5-2 더 긴 시간을 말한 사람의 이름을 써 보세요.

3시간 10분

195분

준희

영탁

답 _____

5-3 청소를 하는 데 더 오래 걸린 사람의 이름을 써 보세요.

• 지수: 11시 10분에 시작해서 11시 40분에 끝냈어.

• 윤기: 5시 30분에 시작해서 40분 만에 끝냈어.

답 _____

 교과서 기초 개념

1. 하루의 시간

하루는 24시간입니다.

> 1일＝24시간

2. 오전과 오후

오전: 전날 밤 12시부터 낮 12시까지

오후: 낮 12시부터 밤 **①**[ ]시까지

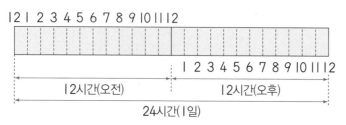

짧은바늘은 하루에
시계를 2바퀴 돌고,
긴바늘은 하루에
시계를 24바퀴 돌아.

정답 **①** 12

1-1 □ 안에 알맞은 수를 써넣으세요.

(1) 2일 = 1일 + 1일

= 24시간 + □시간

= □시간

(2) 1일 7시간 = 1일 + 7시간

= □시간 + 7시간

= □시간

1-2 □ 안에 알맞은 수를 써넣으세요.

(1) 35시간 = 24시간 + □시간

= □일 □시간

(2) 56시간

= 24시간 + □시간 + 8시간

= 1일 + □일 + 8시간

= □일 □시간

2-1 오전과 오후를 알맞게 써 보세요.

(1) 아침 7시 ➡ (　　　　)

(2) 낮 2시 ➡ (　　　　)

2-2 □ 안에 오전과 오후를 알맞게 써넣으세요.

(1) 성재는 □ 8시에 학교를 갑니다.

(2) 윤기는 □ 10시에 잠을 잡니다.

3-1 생활계획표를 보고 오후에 하는 활동에 모두 ○표 하세요.

공부　　학원　　독서

3-2 생활계획표를 보고 보기 에서 오전에 하는 활동을 찾아 써 보세요.

보기

봉사　　피아노　　운동

(　　　　　　)

9월

일	월	화	수	목	금	토
			1	2	3	4	5
6	7	8	9	10	11	12
13	14	15	16	17	18	19

7일

1주일 후

척

탈의실

교과서 기초 개념

1. 한 달의 달력

9월

일	월	화	수	목	금	토
			1	2	3	4	5
6	7	8	9	10	11	12
13	14	15	16	17	18	19
20	21	22	23	24	25	26
27	28	29	30			

+7, +7, +7

1주일=7일

같은 요일이 돌아오는 데 걸리는
기간을 1주일이라고 해.

2. 1년의 달력

월	1	2	3	4	5	6	7	8	9	10	11	12
날수(일)	31	28(29)	31	30	31	30	31	31	30	31	30	31

└ 4년에 한 번씩 29일이 됩니다.

1년=12개월

▶정답 및 풀이 19쪽

1-1 ☐ 안에 알맞은 수를 써넣으세요.

(1) 2주일=☐일

(2) 1년 8개월=☐개월

1-2 ☐ 안에 알맞은 수를 써넣으세요.

(1) 28일=☐주일

(2) 15개월=☐년 ☐개월

2-1 어느 해의 7월 달력입니다. ☐ 안에 알맞은 수를 써넣으세요.

7월

일	월	화	수	목	금	토
				1	2	3
4	5	6	7	8	9	10
11	12	13	14	15	16	17
18	19	20	21	22	23	24
25	26	27	28	29	30	31

(1) 수요일은 ☐일마다 반복됩니다.

(2) 이 달의 월요일인 날짜는 ☐일, ☐일, ☐일, ☐일입니다.

2-2 어느 해의 4월 달력입니다. 물음에 답하세요.

4월

일	월	화	수	목	금	토
			1	2	3	4
5	6	7	8	9	10	11
12	13	14	15	16	17	18
19	20	21	22	23	24	25
26	27	28	29	30		

(1) 18일에서 1주일 후는 무슨 요일인가요?

( )

(2) 이 달의 금요일인 날짜를 모두 써 보세요.

( )

3주
5일

3-1 3월과 날수가 같은 달을 찾아 써 보세요.

2월 7월 9월

( )

3-2 날수가 같은 달끼리 짝 지은 것에 ○표 하세요.

1월, 12월   4월, 8월

( )   ( )

5_일

기초 집중 연습

🙂 기본 문제 연습

1-1 ☐ 안에 알맞은 수를 써넣으세요.

(1) 4일 = ☐ 시간

(2) 3년 = ☐ 개월

1-2 ☐ 안에 알맞은 수를 써넣으세요.

(1) 2일 2시간 = ☐ 시간

(2) 1년 5개월 = ☐ 개월

2-1 어느 해의 6월 달력입니다. 달력을 완성하세요.

6월

일	월	화	수	목	금	토
1		3	4	5		7
8	9				13	14
15	16	17		19	20	21
22	23	24		26	27	28

2-2 어느 해의 8월 달력입니다. 달력을 완성하세요.

8월

일	월	화	수	목	금	토
				1	2	
		6	7	8	9	10
11	12			15	16	17
18	19	20	21		23	24
25	26	27				

3-1 시간 띠를 보고 오전 8시부터 오후 3시까지는 몇 시간인지 구하세요.

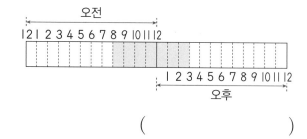

( )

3-2 시간 띠를 보고 오전 6시부터 오후 5시까지는 몇 시간인지 구하세요.

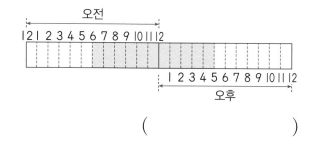

( )

기초 → 기본 연습   7일(=1주일)마다 같은 요일이 반복됨을 알고 요일을 구하자.

기초 어느 해의 12월 달력을 보고 □ 안에 알맞은 말을 써넣으세요.

12월

일	월	화	수	목	금	토
		1	2	3	4	5
6	7	8	9	10	11	12
13	14	15	16	17	18	19
20	21	22	23	24	25	26
27	28	29	30	31		

이 달의 9일은 □ 요일이고,
9일에서 1주일 후는 □ 요일
입니다.

4-1 어느 해의 10월 달력입니다. 9일에서 1주일 후는 운동회 날입니다. 운동회 날은 무슨 요일인지 써 보세요.

10월

일	월	화	수	목	금	토
1	2	3	4	5	6	7
8	9	10	11	12	13	14
15	16	17	18	19	20	21
22	23	24	25	26	27	28
29	30	31				

답 _____

3주
5일

4-2 위 **4-1**의 달력에서 17일에서 2주일 후에 봉사 활동을 갑니다. 봉사 활동을 가는 날은 무슨 요일인지 써 보세요.

답 _____

4-3 어느 해의 7월 달력의 일부분입니다. 정우의 생일에서 1주일 후는 며칠이고, 무슨 요일인지 써 보세요.

○표 한 날이
내 생일이야!

정우

7월

일	월	화	수	목	금	토
1	2	3	4	⑤	6	7
8	9	10	11	12	13	

답 _____, _____

1 시각을 읽어 보세요.

☐ 시 ☐ 분

2 알맞은 말에 ○표 하세요.

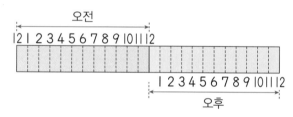

낮 12시부터 밤 12시까지를
(오전 , 오후)(이)라고 합니다.

3 길이의 차를 구하세요.

$$3 \text{ m } 23 \text{ cm}$$
$$- 1 \text{ m } 40 \text{ cm}$$

4 ☐ 안에 알맞은 수를 써넣으세요.

(1) 1시간 45분＝1시간＋☐분

＝☐분＋45분

＝☐분

(2) 2일 3시간
＝2일＋3시간
＝1일＋1일＋3시간
＝☐시간＋☐시간＋3시간
＝☐시간

5 시각에 맞게 긴바늘을 그려 넣으세요.

10시 13분

6 날수가 31일인 달에 모두 ○표 하세요.

> 3월 4월 8월 10월 11월

7 축구 골대 긴 쪽의 길이를 재려고 합니다. 다음 방법으로 잴 때 재는 횟수가 더 적은 것을 찾아 기호를 써 보세요.

( )

8 두 나무 막대의 길이의 차는 몇 m 몇 cm인가요?

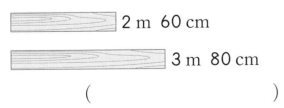

2 m 60 cm

3 m 80 cm

( )

9 어느 해의 6월 달력입니다. 10일에서 1주일 후는 며칠인가요?

6월

일	월	화	수	목	금	토
1	2	3	4	5	6	7
8	9	10	11	12	13	14
15	16	17	18	19	20	21
22	23	24	25	26	27	28
29	30					

( )

3주

평가

10 나타내는 시각이 나머지와 <u>다른</u> 하나를 찾아 기호를 써 보세요.

> ㉠ 8시 55분
> ㉡ 9시 5분
> ㉢ 9시 5분 전

( )

3 m를 만들어라!

창의 1 😊 태형, 😮 윤기, 😁 석진이는 주변에 있는 물건 중에서 3개를 골라 이어서 길이를 길게 만들었습니다.

3 m에 가장 가까운 길이를
만든 사람은 누구일까?

이름			
만든 길이	2 m 90 cm	3 m 5 cm	3 m 10 cm
3 m와의 차			

답 _____

시간은 얼마나 걸릴까?

성재와 엄마가 할머니 댁에 가려고 용산역에서 기차를 탔습니다.

3주
특강

용산역에서 익산역까지 가는 데 걸리는
시간은 몇 시간일까?

융합 3 다음은 우리나라의 전통 의상인 한복입니다. 저고리와 치마 길이의 차를 구하세요.

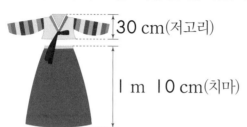

30 cm(저고리)

1 m 10 cm(치마)

한복은 우리나라 사람들이 오랫동안 입었던 고유의 옷이야.

답 _____

융합 4 태극기는 우리나라의 국기로 우리 민족과 나라를 상징합니다. 다음 태극기의 긴 쪽의 길이는 짧은 쪽의 길이보다 몇 m 몇 cm 더 긴가요?

3 m 54 cm

2 m 36 cm

답 _____

코딩 **5** 다음과 같은 명령1 에 따라 모형 시계의 바늘을 움직입니다. 명령2 에서 그린 시각을 내보내세요.

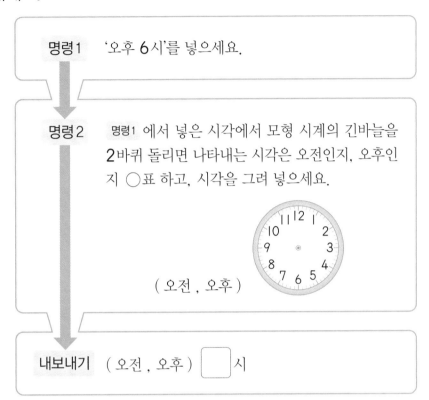

명령1 '오후 6시'를 넣으세요.

명령2 명령1 에서 넣은 시각에서 모형 시계의 긴바늘을 2바퀴 돌리면 나타내는 시각은 오전인지, 오후인지 ○표 하고, 시각을 그려 넣으세요.

(오전 , 오후)

내보내기 (오전 , 오후) ☐ 시

코딩 **6** 로봇에게 다음의 명령을 실행하였을 때 로봇은 처음 출발 위치에서 몇 m 몇 cm 앞에 있는지 구하세요.

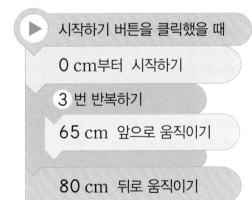

▶ 시작하기 버튼을 클릭했을 때

0 cm부터 시작하기

3 번 반복하기

65 cm 앞으로 움직이기

80 cm 뒤로 움직이기

앞으로 움직인 거리에서 뒤로 움직인 거리를 빼면 돼.

답 _____

창의·융합·코딩

융합 7 태형이는 올해 광복절에 가족과 함께 독립기념관에 다녀왔습니다. 올해의 8월 달력을 보고 광복절은 무슨 요일이었는지 써 보세요.

8월

일	월	화	수	목	금	토
	1	2	3	4	5	6

답 _____

코딩 8 로봇이 한 개의 명령을 실행하는 데 5분이 걸립니다. 3시 45분에 다음 명령을 이어서 실행하였을 때 로봇이 도착한 곳의 번호와 도착한 시각은 몇 시 몇 분인지 구하세요.

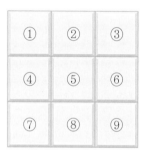

보기

↑: 위로 한 칸 이동
➡: 오른쪽으로 한 칸 이동
↓: 아래로 한 칸 이동
⬅: 왼쪽으로 한 칸 이동

⑤번에서 출발하여
↓ ➡ ↑ ↑를
실행했어.

답 _____ , _____

중국 베이징의 시각은 대한민국 서울의 시각보다 1시간 느립니다. 중국 베이징의 시각이 다음과 같을 때 대한민국 서울의 시각을 구하세요.

오전

베이징

서울의 시각이
베이징의 시각보다 얼마나
빠른지를 생각해.

답 _____

 *농구 경기는 4*쿼터이고 각 쿼터 사이에 휴식 시간이 있습니다. 1쿼터가 오후 2시 40분에 시작하였습니다. 3쿼터가 시작하는 시각은 오후 몇 시 몇 분인가요?

1쿼터	휴식	2쿼터	휴식	3쿼터	휴식	4쿼터
10분	2분	10분	12분	10분	2분	10분

©bbernard/shutterstock

*농구: 5명으로 구성된 두 팀이 서로 상대방의 골대에 공을 던져 득점을 더 많이 한 팀이 승리하는 경기.
*쿼터: 전체 경기 시간을 똑같이 네 부분으로 나누었을 때 한 부분

답 _____

4주 표와 그래프 / 규칙 찾기

이 마을은 꽤 조용한 걸~

요괴로부터 안전한 것 같은데~

삼장법사님, 다녀왔습니다.

마을에 대해 조사해 보았느냐?

꾸벅

마을에서 키우는 동물을 조사하여 표로 만들어 왔습니다.

음~ 마을에서 키우는 동물은 소, 돼지, 토끼, 오리인 걸 알 수 있구나!

키우는 동물

동물	소	돼지	토끼	오리	합계
주민 수(명)	4	6	5	3	18

키우는 동물

6		○		
5		○	○	
4	○	○	○	
3	○	○	○	○
2	○	○	○	○
1	○	○	○	○
주민 수(명) / 동물	소	돼지	토끼	오리

법사님, 저는 표를 보고 그래프로 나타냈어요.

표로 나타낸 것이 더 편리하죠?

그래프로 나타낸 것이 한눈에 보기 쉽죠?

그만 어깨에서 내려와 줄래!?

동물을 많이 키우는 것을 보니 이 마을은 요괴로부터 안전한 듯 하구나.

가장 많이 키우는 동물은 돼지이고, 가장 적게 키우는 동물은 오리인 것을 한눈에 알 수 있어요!

법사님! 이상한 점이 있어요.

4주에는 무엇을 공부할까? ①

2-1 분류하기

기준에 따라 나누는 것을 분류라고 해.

분류할 때는 분명한 기준을 정해서 어느 누가 분류해도 같은 결과가 나올 수 있도록 해야 해.

[1-1 ~ 1-2] 학용품을 기준에 따라 분류하려고 합니다. 물음에 답하세요.

1-1 학용품을 종류에 따라 분류한 것입니다. 빈칸에 알맞은 번호를 써넣으세요.

종류	연필	지우개
번호		

1-2 학용품을 색깔에 따라 분류한 것입니다. 빈칸에 알맞은 번호를 써넣으세요.

색깔	초록색	파란색
번호		

[2-1 ~ 2-2] 공의 종류에 따라 분류하였습니다. ☐ 안에 알맞은 공의 종류를 써넣으세요.

종류	축구공	농구공	배구공	야구공	탁구공
공의 수(개)	10	10	7	10	10

2-1 공의 수가 같은 종류를 찾으면 축구공, ☐, ☐, 탁구공입니다.

2-2 공의 수가 종류별로 모두 같으려면 ☐을 사야 합니다.

▶ 정답 및 풀이 21쪽

1-2 시계 보기와 규칙 찾기

반복되는 부분을 ◯로 묶거나 /으로 구분을 지으면 규칙을 찾기 편해.

무늬에서 규칙을 찾을 때에는 모양이 어떻게 반복되는지 보면 쉽게 규칙을 찾을 수 있어.

[3-1 ~ 3-2] 그림을 보고 어떤 규칙이 있는지 써 보세요.

3-1

거북—[　　　]가 반복됩니다.

3-2

자동차—자전거—[　　　　]가 반복됩니다.

[4-1 ~ 4-2] 규칙에 따라 빈칸에 알맞은 모양을 그리고 색칠해 보세요.

4-1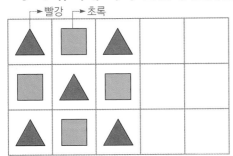

4-2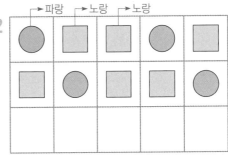

할머니께 갖다 드릴 간식 수

간식	🧁	🍊	🍪	합계
간식 수 (개)	5	3	2	10

교과서 기초 개념

• **자료를 보고 표로 나타내기**

표로 나타내면 좋아하는 과일별 학생 수와 전체 학생 수를 한눈에 알 수 있어.

자료

좋아하는 과일

주하　민석　상우　유진　미하　재민　현주　석민

표

좋아하는 과일별 학생 수

과일	사과	바나나	귤	포도	합계
학생 수(명)	3	❶	I	2	❷

//// 로 그려 가며 세자.

각각 학생 수의 합을 적자.

정답　❶ 2　　❷ 8

[1-1 ~ 2-1] 현석이네 반 학생들이 좋아하는 운동을 조사한 것입니다. 물음에 답하세요.

좋아하는 운동

현석 ⚽ 축구	하준 ⚾ 야구	병운 🏀 농구	루나 ⚾ 야구
윤석 ⚽ 축구	성재 ⚽ 축구	민혁 ⚽ 축구	보라 ⚾ 야구
강우 🏀 농구	윤아 🏀 농구	주하 ⚽ 축구	수민 🏀 농구

1-1 위 자료를 보고 ☐ 안에 알맞은 학생들의 이름을 써넣으세요.

좋아하는 운동

⚽ 축구	현석, 윤석, 성재, 민혁, 주하
⚾ 야구	하준, 루나, ☐
🏀 농구	병운, 강우, 윤아, ☐

2-1 학생들이 좋아하는 운동을 표로 나타내세요.

좋아하는 운동별 학생 수

운동	축구	야구	농구	합계
학생 수(명)			4	

[1-2 ~ 2-2] 성민이네 반 학생들이 가 보고 싶은 나라를 조사한 것입니다. 물음에 답하세요.

가 보고 싶은 나라

성민 🇺🇸 미국	민하 🇩🇪 독일	재호 🇺🇸 미국	성룡 🇺🇸 미국
규진 🇦🇺 호주	장수 🇦🇺 호주	가연 🇺🇸 미국	유미 🇩🇪 독일
현아 🇦🇺 호주	해민 🇩🇪 독일	석준 🇦🇺 호주	지아 🇦🇺 호주

1-2 위 자료를 보고 ☐ 안에 알맞은 학생들의 이름을 써넣으세요.

가 보고 싶은 나라

🇺🇸 미국	성민, 재호, 성룡, ☐
🇩🇪 독일	민하, 유미, 해민
🇦🇺 호주	규진, 장수, 현아, ☐ , 지아

2-2 학생들이 가 보고 싶은 나라를 표로 나타내세요.

가 보고 싶은 나라별 학생 수

나라	미국	독일	호주	합계
학생 수(명)	4			

4주
1일

꽃밭에 있는 종류별 꽃의 수

종류	✿	🌹	🌼	합계
꽃의 수 (송이)	4	5	3	12

 교과서 기초 개념

• 자료를 조사하는 방법 알아보기

종류가 정해져 있는 경우	종류가 정해져 있지 않은 경우
손을 들어서 조사	**종이**에 적어서 조사
예 태어난 계절, 혈액형	예 장래 희망, 가 보고 싶은 곳

한 사람씩 말하면 누가 어떤 것에 해당하는지 알 수 있어.

종이에 적어 모으면 빨리 조사할 수 있어.

[**1**-1 ~ **3**-1] 소율이네 반 학생들이 태어난 계절을 조사하여 표로 나타내려고 합니다. 물음에 답하세요.

1-1 태어난 계절을 조사하기에 더 적절한 방법에 ○표 하세요.

• 손을 들어 그 수를 세기　(　　　　)

• 종이에 적어 모으기　　　(　　　　)

[**1**-2 ~ **3**-2] 서진이네 반 학생들의 장래 희망을 조사하여 표로 나타내려고 합니다. 물음에 답하세요.

1-2 장래 희망을 조사하기에 더 적절한 방법에 ○표 하세요.

• 손을 들어 그 수를 세기　(　　　　)

• 종이에 적어 모으기　　　(　　　　)

2-1 소율이네 반 학생들이 태어난 계절을 조사한 것입니다. 태어난 계절은 모두 몇 가지인가요?

태어난 계절

(　　　　　　　　)

2-2 서진이네 반 학생들의 장래 희망을 조사한 것입니다. 장래 희망은 모두 몇 가지인가요?

장래 희망

(　　　　　　　　)

3-1 위 **2**-1의 조사한 자료를 보고 표로 나타내세요.

태어난 계절별 학생 수

계절	봄	여름	가을	겨울	합계
학생 수 (명)	2				16

3-2 위 **2**-2의 조사한 자료를 보고 표로 나타내세요.

장래 희망별 학생 수

장래 희망	의사	연예인	선생님	운동 선수	합계
학생 수 (명)		5			16

기초 집중 연습

기본 문제 연습

1-1 자료를 보고 표로 나타내세요.

좋아하는 색깔

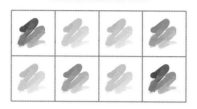

좋아하는 색깔별 학생 수

색깔	빨강	노랑	파랑	합계
학생 수(명)				8

1-2 자료를 보고 표로 나타내세요.

신발 색깔

신발 색깔별 학생 수

색깔	흰색	검은색	파란색	합계
학생 수(명)				8

2-1 조사 방법으로 적절하면 ○표, 그렇지 않으면 ×표 하세요.

 존경하는 위인은 학생마다 다르므로 종이에 적어 모으자.

(   )

2-2 손을 들어 그 수를 세어 조사하기가 더 적절한 것에 ○표 하세요.

(좋아하는 동물 , 혈액형)

3-1 조사한 자료를 보고 표로 나타내세요.

존경하는 위인별 학생 수

위인	이순신	세종대왕	안중근	합계
학생 수(명)				8

3-2 조사한 자료를 보고 표로 나타내세요.

혈액형별 학생 수

혈액형	A형	B형	AB형	O형	합계
학생 수(명)					13

기초 → 기본 연습 종류별로 서로 다른 표시를 하며 세자.

기초 삼각형과 사각형 모양으로 만들었습니다. 사용한 모양의 수를 표로 나타내세요.

사용한 모양 수

모양	삼각형	사각형	합계
모양 수(개)			6

4-1 여러 조각으로 모양을 만들었습니다. 사용한 조각의 수를 표로 나타내세요.

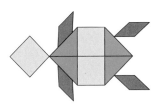

사용한 조각 수

조각	◇	△	▱	합계
조각 수(개)				11

4-2 리듬을 보고 음표의 수를 표로 나타내세요.

음표 수

음표	♩	♩	♪	합계
음표 수(개)				14

4-3 오른쪽 책꽂이에 꽂혀 있는 종류별 책의 수를 표로 나타내세요.

종류별 책 수

종류	전래동화	위인전	과학만화	합계
책 수(권)				14

꽃밭에 있는 종류별 꽃의 수

5		◯	
4	◯	◯	
3	◯	◯	◯
2	◯	◯	◯
1	◯	◯	◯
꽃의 수(송이) 종류			

 교과서 기초 개념

• 그래프로 나타내기

① 가로와 세로에 **무엇을 나타낼지** 정하기　　② 가로와 세로는 **몇 칸**으로 나눌지 정하기

③ 그래프에 ◯, ×, / 중 하나를 선택해 나타내기

④ 그래프의 **제목**을 쓰기

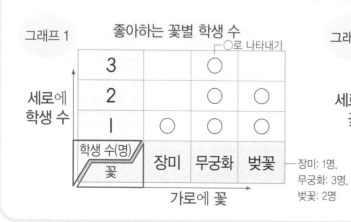

그래프 1　　좋아하는 꽃별 학생 수　◯로 나타내기

3		◯	
2		◯	◯
1	◯	◯	◯
학생 수(명) 꽃	장미	무궁화	벚꽃

세로에 학생 수 / 가로에 꽃

장미: 1명, 무궁화: 3명, 벚꽃: 2명

그래프 2　　좋아하는 꽃별 학생 수　/으로 나타내기

장미: 1명, 무궁화: 3명, 벚꽃: 2명

벚꽃	/	/	
무궁화	/	/	/
장미	/		
꽃 학생 수(명)	1	2	❶

세로에 꽃 / 가로에 학생 수

정답 ❶ 3

[1-1 ~ 2-1] 석규네 모둠 학생들의 취미를 조사하여 표로 나타내었습니다. 물음에 답하세요.

취미별 학생 수

취미	운동	게임	독서	합계
학생 수(명)	3	5	2	10

1-1 표를 보고 ○를 이용하여 그래프를 완성하세요.

취미별 학생 수

5			
4			
3	○		
2	○		
1	○		
학생 수(명) / 취미	운동	게임	독서

2-1 표를 보고 /을 이용하여 그래프를 완성하세요.

독서					
게임					
운동	/	/	/		
취미 / 학생 수(명)	1	2	3	4	5

[1-2 ~ 2-2] 현서가 한 달 동안 요일별 읽은 책의 수를 조사하여 표로 나타내었습니다. 물음에 답하세요.

요일별 읽은 책의 수

요일	월	화	수	목	금	합계
책 수(권)	3	2	4	5	1	15

1-2 표를 보고 ○를 이용하여 그래프를 완성하세요.

요일별 읽은 책의 수

5					
4			○		
3	○		○		
2	○		○		
1	○		○		
책 수(권) / 요일	월	화	수	목	금

2-2 표를 보고 ×를 이용하여 그래프를 완성하세요.

금	×				
목	×	×	×	×	×
수					
화					
월					
요일 / 책 수(권)	1	2	3	4	5

교과서 기초 개념

1. 표의 내용 알아보기

좋아하는 채소별 학생 수

채소	시금치	오이	당근	합계
학생 수(명)	3	1	2	6

(1) 조사한 학생 수: [❶] 명

(2) 오이를 좋아하는 학생 수: 1명

표는 조사한 자료의 전체 수를
알아보기에 편리해.

2. 그래프의 내용 알아보기

좋아하는 채소별 학생 수

3	○		
2	○		○
1	○	○	○
학생 수(명) 채소	시금치	오이	당근

 ○가 가장 많음.
→ 가장 많은 학생이
　좋아하는 채소

 ○가 가장 적음.
→ 가장 적은 학생이
　좋아하는 채소

그래프는
가장 많은 것과 가장 적은 것을
한눈에 알아보기에 편리해.

정답 ❶ 6

개념·원리 확인

▶ 정답 및 풀이 23쪽

1-1 수하네 반 학생들이 좋아하는 반려동물을 조사하여 표로 나타내었습니다. 물음에 답하세요.

좋아하는 반려동물별 학생 수

반려동물	강아지	고양이	새	합계
학생 수(명)	10	8	3	21

(1) 고양이를 좋아하는 학생은 몇 명인가요? (　　　　　　)

(2) 조사한 학생은 몇 명인가요? (　　　　　　)

1-2 지후네 모둠 학생들이 고리 던지기에 성공한 횟수를 조사하여 표로 나타내었습니다. 물음에 답하세요.

학생별 성공 횟수

이름	지후	원권	다빈	합계
성공 횟수(번)	4	3	2	9

(1) 지후의 성공 횟수는 몇 번인가요? (　　　　　　)

(2) 지후네 모둠의 전체 성공 횟수는 몇 번인가요? (　　　　　　)

2-1 학교급식에서 원하는 후식을 조사하여 그래프로 나타내었습니다. 가장 많은 학생이 원하는 후식은 무엇인가요?

원하는 후식별 학생 수

5	○		
4	○		○
3	○	○	○
2	○	○	○
1	○	○	○
학생 수(명) / 후식	과일	빵	음료수

(　　　　　　)

2-2 색 초콜릿 한 봉지에 들어 있는 색의 수를 조사하여 그래프로 나타내었습니다. 가장 적게 들어 있는 색은 무엇인가요?

색깔별 초콜릿의 수

5			○
4		○	○
3	○	○	○
2	○	○	○
1	○	○	○
초콜릿 수(개) / 색깔	빨강	파랑	초록

(　　　　　　)

3-1 조사한 전체 수를 알아보기 편리한 것은 표와 그래프 중 어느 것인가요?

(　　　　　　)

3-2 가장 많거나 적은 것을 한눈에 알아보기 편리한 것은 표와 그래프 중 어느 것인가요?

(　　　　　　)

기본 문제 연습

[1-1 ~ 3-2] 보라네 반 학생들이 참여하고 있는 체육 활동을 조사하여 표로 나타내었습니다. 표를 보고 물음에 답하세요.

체육 활동별 학생 수

체육 활동	뜀틀	피구	축구	합계
학생 수(명)	3	5	5	13

1-1 ○를 이용하여 그래프로 나타내세요.

체육 활동별 학생 수

5			
4			
3			
2			
1			
학생 수(명) / 체육 활동	뜀틀	피구	축구

1-2 /을 이용하여 그래프로 나타내세요.

체육 활동별 학생 수

축구					
피구					
뜀틀					
체육 활동 / 학생 수(명)	1	2	3	4	5

2-1 위 1-1의 그래프에서 가로에 나타낸 것은 무엇인가요?

( )

2-2 위 1-2의 그래프에서 가로에 나타낸 것은 무엇인가요?

( )

3-1 위 1-1을 보고 피구에 참여하고 있는 학생 수와 같은 체육 활동은 무엇인지 구하세요.

( )

3-2 위 1-2를 보고 축구에 참여하고 있는 학생은 뜀틀에 참여하고 있는 학생보다 몇 명 더 많은지 구하세요.

( )

기초 → 기본 연습   가장 많은 것 → ○가 가장 많은 것을 찾자.

기초 도진이네 모둠 학생들이 좋아하는 놀이 기구를 조사하여 그래프로 나타내었습니다. ☐ 안에 알맞은 말을 써넣으세요.

좋아하는 놀이 기구별 학생 수

4		○	
3	○	○	
2	○	○	○
1	○	○	○
학생 수(명) / 놀이 기구	비행기	바이킹	범퍼카

(1) ○의 수가 가장 많은 놀이 기구는 ☐ 입니다.

(2) 가장 많은 학생이 좋아하는 놀이 기구는 ☐ 입니다.

4-1 가방에 들어 있는 학용품을 조사하여 그래프로 나타내었습니다. 물음에 답하세요.

학용품 수

4	○		
3	○		
2	○	○	
1	○	○	○
수(개) / 학용품	공책	지우개	자

(1) 가장 많이 들어 있는 학용품은 무엇인가요?

답 _____

(2) 가장 적게 들어 있는 학용품은 무엇인가요?

답 _____

4주 2일

4-2 현석이네 모둠 학생들이 좋아하는 과목을 조사하여 나타낸 그래프와 현석이가 그래프를 보고 쓴 일기입니다. ☐ 안에 알맞은 말을 써넣으세요.

좋아하는 과목별 학생 수

4		○	
3		○	○
2	○	○	○
1	○	○	○
학생 수(명) / 과목	국어	수학	창체

○월 ○일 ○요일   ☺ ☁ ☂ ☃

나는 창체를 좋아하는 데 우리 모둠에서 가장 많은 학생이 좋아하는 과목은 ☐ 이고, 가장 적은 학생이 좋아하는 과목은 ☐ 이다.

 교과서 기초 개념

• 덧셈표에서 규칙 찾기

+	1	2	3	4	5	6	7
1	2	3	4	5	6	7	8
2	3	4	5	6	7	8	9
3	4	5	6	7	8	9	10
4	5	6	7	8	9	10	11
5	6	7	8	9	10	11	12
6	7	8	9	10	11	12	13
7	8	9	10	11	12	13	14

왼쪽으로 갈수록
1씩 작아지는 규칙

↗ 방향으로
같은 수들이 있는 규칙

아래쪽으로 갈수록 1씩
커지는 규칙

오른쪽으로 갈수록
❶ □ 씩 커지는 규칙

↘ 방향으로
❷ □ 씩 커지는 규칙

정답 ❶ 1   ❷ 2

[1-1 ~ 3-2] 덧셈표를 보고 ☐ 안에 알맞은 수를 써넣고, 알맞은 말에 ◯표 하세요.

+	0	1	2	3	4	5
0	0	1	2	3	4	5
1	1	2	3	4	5	6
2	2	3	4	5	6	7
3	3	4	5	6	7	8
4	4	5	6	7	8	9
5	5	6	7	8	9	10

1-1 ☐ 안에 있는 수는 오른쪽으로 갈수록 ☐씩 커지는 규칙이 있습니다.

1-2 ☐ 안에 있는 수는 아래쪽으로 갈수록 ☐씩 커지는 규칙이 있습니다.

2-1 ↙ 방향으로 (같은 , 다른) 수들이 있는 규칙이 있습니다.

2-2 ↘ 방향으로 ☐씩 커지는 규칙이 있습니다.

3-1 같은 줄에서 왼쪽으로 갈수록 1씩 (작아지는 , 커지는) 규칙이 있습니다.

3-2 같은 줄에서 위쪽으로 갈수록 1씩 (작아지는 , 커지는) 규칙이 있습니다.

[4-1 ~ 4-2] 덧셈표에서 규칙을 찾아 빈칸에 알맞은 수를 써넣으세요.

4-1

+	1	2	3	4
1	2	3	4	5
2	3		5	6
3	4	5		7
4	5	6	7	

4-2

+	6	7	8	9
6	12	13	14	
7	13		15	16
8	14	15		17
9	15	16	17	18

4주 3일

일단 2단, 4단 곱셈구구에 있는 수는 모두 짝수네요.

오른쪽으로 갈수록 각 단의 수만큼 커지고~

야! 내가 찾아보려 했는데 네가 다 찾으면 어떡해!

아하하~ 죄송해요. 저는 이만~

아래쪽도 각 단의 수만큼 커지네요.

1단, 3단 곱셈구구에 있는 수는 홀수, 짝수가 반복되고~

×	1	2	3	4
1	1	2	3	4
2	2	4	6	8
3	3	6	9	12
4	4	8	12	16

 교과서 기초 개념

• 곱셈표에서 규칙 찾기

2단, 4단, 6단 곱셈구구에 있는 수는 모두 짝수야.

1단, 3단, 5단, 7단 곱셈구구에 있는 수는 홀수, 짝수가 반복돼.

×	1	2	3	4	5	6	7
1	1	2	3	4	5	6	7
2	2	4	6	8	10	12	14
3	3	6	9	12	15	18	21
4	4	8	12	16	20	24	28
5	5	10	15	20	25	30	35
6	6	12	18	24	30	36	42
7	7	14	21	28	35	42	49

오른쪽으로 갈수록 ❶ 씩 커지는 규칙

아래쪽으로 갈수록 3씩 커지는 규칙

초록색 선을 따라 접으면 만나는 수는 서로 같음.

[1-1 ~ 3-2] 곱셈표를 보고 ☐ 안에 알맞은 수를 써넣고, 알맞은 말에 ○표 하세요.

×	1	2	3	4	5
1	1	2	3	4	5
2	2	4	6	8	10
3	3	6	9	12	15
4	4	8	12	16	20
5	5	10	15	20	25

1-1 ☐ 안에 있는 수는 오른쪽으로 갈수록 ☐ 씩 커지는 규칙이 있습니다.

1-2 ☐ 안에 있는 수는 아래쪽으로 갈수록 ☐ 씩 커지는 규칙이 있습니다.

2-1 2단, 4단 곱셈구구에 있는 수는 모두 (짝수 , 홀수)입니다.

2-2 1단, 3단, ☐ 단 곱셈구구에 있는 수는 홀수와 짝수가 반복됩니다.

3-1 초록색 점선을 따라 접으면 만나는 수는 서로 (같습니다 , 다릅니다).

3-2 ↓ 방향에 있는 수들은 (→ , ↘) 방향에도 똑같이 있습니다.

[4-1 ~ 4-2] 곱셈표에서 규칙을 찾아 빈칸에 알맞은 수를 써넣으세요.

4-1

×	2	3	4	5
2	4	6	8	10
3	6		12	15
4	8	12		20
5		15	20	25

4-2

×	6	7	8	9
6	36	42	48	54
7		49	56	63
8	48		64	72
9	54	63	72	

3일 기초 집중 연습

기본 문제 연습

[1-1 ~ 1-2] 규칙을 찾아 빈칸에 알맞은 수를 써넣으세요.

1-1

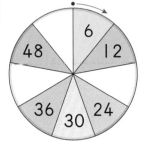

1-2

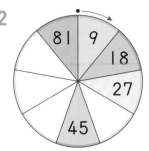

[2-1 ~ 3-1] 덧셈표를 보고 물음에 답하세요.

+	2	4	6	8
2	4	6	8	10
4	6	8	10	12
6	8	10	12	14
8	10	12	14	16

[2-2 ~ 3-2] 곱셈표를 보고 물음에 답하세요.

×	1	3	5	7
1	1	3	5	7
3	3	9	15	21
5	5	15	25	35
7	7	21	35	49

2-1 ▨으로 칠해진 수의 규칙을 완성하세요.

규칙 ☐부터 시작하여 아래쪽으로 갈수록 ☐씩 커지는 규칙이 있습니다.

2-2 ▨으로 칠해진 수의 규칙을 완성하세요.

규칙 ☐부터 시작하여 오른쪽으로 갈수록 ☐씩 커지는 규칙이 있습니다.

3-1 ▨으로 칠해진 곳과 규칙이 같은 곳은 (----, ＼) 위에 있는 수입니다.

3-2 ▨으로 칠해진 곳과 규칙이 같은 곳을 찾아 색칠해 보세요.

기초 → 기본 연습 한 방향으로 갈수록 커지는 수의 규칙을 찾자.

기초 빈칸에 알맞은 수를 써넣으세요.

+	3	5	7	9
3	6		10	12
5	8	10		14
7	10	12	14	
9	12	14	16	18

4-1 빈칸에 알맞은 수를 써넣으세요.

+	1	3	5	7
0		3	5	7
2	3	5		9
4	5	7	9	
6	7	9	11	13

4-2 빈칸에 알맞은 수를 써넣으세요.

×	3	4	5	6	7
7	21		35	42	49
8	24	32	40		56
9	27	36		54	63

4-3 곱셈표에서 규칙을 찾아 빈칸에 알맞은 수를 써넣으세요.

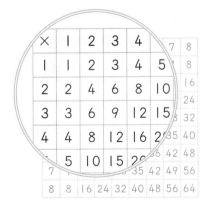

×	1	2	3	4		7	8
1	1	2	3	4	5	7	8
2	2	4	6	8	10		16
3	3	6	9	12	15		24
4	4	8	12	16	2		32
5	5	10	15	20		35	40

	30	35	40	45
30	36	42		54
35	42		56	63

교과서 기초 개념

1. 색깔이 반복되는 규칙

→반복되는 부분

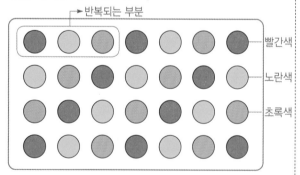

(1) 빨간색, 노란색, [①] 이 반복되는 규칙입니다.

(2) ↙ 방향으로 똑같은 색이 반복되고 있습니다.

2. 모양이 반복되는 규칙

→반복되는 부분

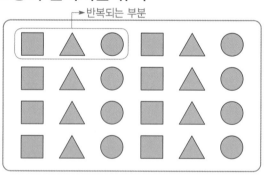

(1) ■, ▲, [②] 가 반복되는 규칙입니다.

(2) ↓ 방향으로 똑같은 모양이 반복되고 있습니다.

정답 ❶ 초록색 ❷ ●

[1-1 ~ 1-2] 규칙으로 알맞은 것에 ○표 하세요.

1-1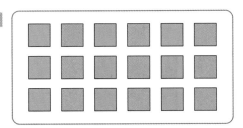

• 초록색과 보라색이 반복됩니다.
　　　　　　　　　　　　　　(　　　)

• ■, ▲가 반복됩니다.… (　　　)

1-2

• 노란색과 빨간색이 반복됩니다.
　　　　　　　　　　　　　　(　　　)

• ♡, 🌙이 반복됩니다.… (　　　)

[2-1 ~ 2-2] ☐ 안에 들어갈 사과를 찾아 기호를 써넣으세요.

2-1

2-2

[3-1 ~ 3-2] ☐ 안에 들어갈 사탕을 찾아 기호를 써넣으세요.

3-1

3-2

4주
4일

교과서 기초 개념

1. 규칙을 찾아 표현을 바꾸어 나타내기

1 → 반복되는 부분

↓ 🍎는 1, 🍊은 2로 바꾸기

2 → 반복되는 부분

1	2	1	2
1	2	1	2

규칙 **1**에서 🍎, 🍊이 반복됩니다.

2에서 1, ❶⬜ 가 반복됩니다.

2. 규칙이 2가지 있는 무늬 알아보기

규칙 1 ⬜, ❷⬜ 가 반복됩니다.

규칙 2 빨간색, 파란색, 초록색이 반복됩니다.

3. 반복되는 무늬 찾기

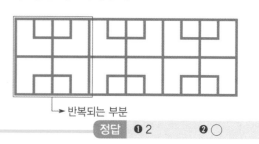

→ 반복되는 부분

정답 ❶ 2 ❷ ○

1-1 규칙에 따라 만든 무늬입니다. 이 무늬에 있는 ●는 1, ■는 2, ▲는 3으로 바꾸어 나타내세요.

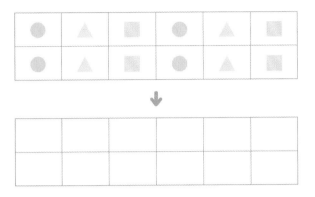

1-2 규칙에 따라 만든 무늬입니다. 이 무늬에 있는 ●는 1, ■는 2로 바꾸어 나타내세요.

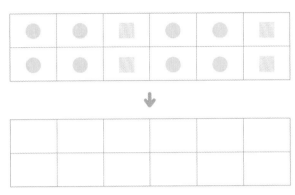

2-1 규칙을 찾아 ㉠에 알맞은 모양에 ○표 하세요.

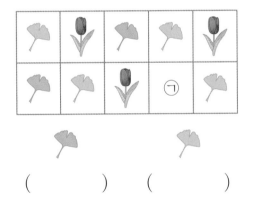

(   ) (   )

2-2 규칙을 찾아 ㉠에 알맞은 모양에 ○표 하세요.

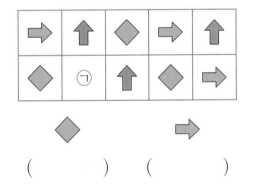

(   ) (   )

3-1 규칙을 찾아 빈칸에 알맞은 모양을 그려 보세요.

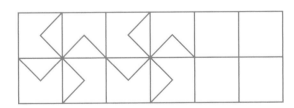

3-2 규칙을 찾아 빈칸에 알맞은 모양을 그려 보세요.

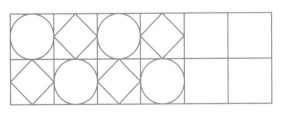

기본 문제 연습

[**1**-1 ~ **1**-2] 규칙을 정해 구슬을 끼웠습니다. 규칙을 찾아 알맞게 색칠해 보세요.

1-1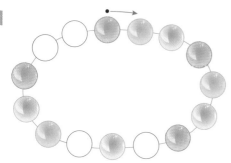

1-2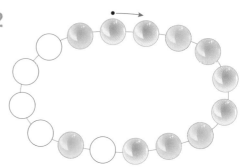

2-1 규칙에 따라 🍎는 I, 🍌는 2로 바꾸어 나타내세요.

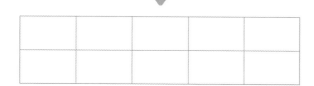

↓

2-2 규칙에 따라 🍦은 I, 🍦은 2, 🍦은 3으로 바꾸어 나타내세요.

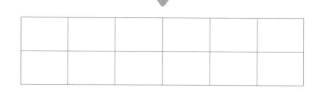

↓

[**3**-1 ~ **3**-2] 규칙을 찾아 ☐ 안에 알맞은 모양을 그려 넣으세요.

3-1

3-2

기초 ➡ 기본 연습   늘어나는 규칙을 찾자.

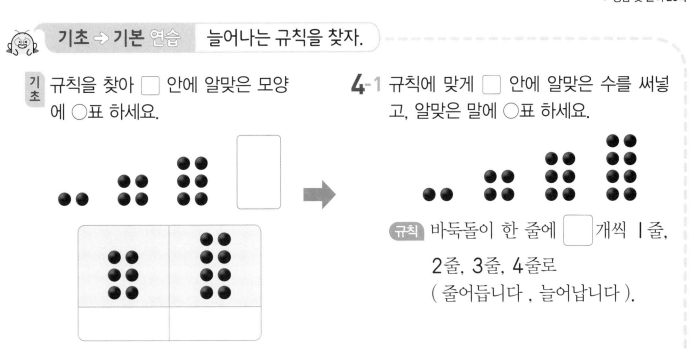

기초 규칙을 찾아 ☐ 안에 알맞은 모양에 ○표 하세요.

4-1 규칙에 맞게 ☐ 안에 알맞은 수를 써넣고, 알맞은 말에 ○표 하세요.

규칙 바둑돌이 한 줄에 ☐개씩 1줄, 2줄, 3줄, 4줄로 (줄어듭니다 , 늘어납니다).

4주 **4**일

4-2 규칙에 맞게 ☐ 안에 알맞은 수를 써넣으세요.

ㄱ	ㄴ	ㄱ	ㄴ	ㄴ	ㄱ	ㄴ	ㄴ	ㄴ	ㄱ	ㄴ	ㄴ	ㄴ	ㄴ

규칙 ㄱ 다음에 ㄴ을 각각 ☐번, 2번, 3번, ☐번 씁니다.

4-3 규칙에 맞게 빈칸을 완성하고, ☐ 안에 알맞은 말을 써넣으세요.

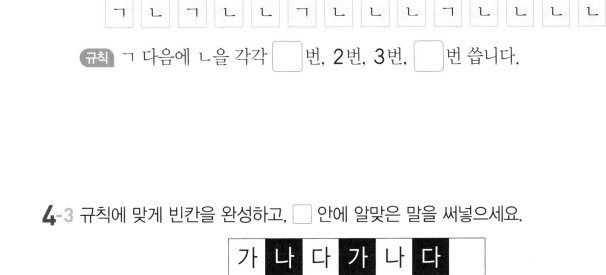

규칙 가, ☐ , 다가 반복되고, 흰색과 ☐ 이 반복됩니다.

 교과서 기초 개념

1. 쌓여 있는 모양에서 규칙 찾기

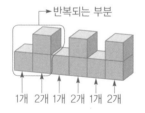

규칙 쌓기나무를 l개, [❶⬜]개가 반복되게 쌓았습니다.

쌓여 있는 모양에서 규칙을 쓸 때에는 **반복되는 개수**를 써야 해.

2. 쌓은 모양에서 규칙 찾기

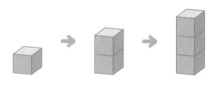

규칙 쌓기나무가 위쪽으로 [❷⬜]개씩 늘어나는 규칙입니다.

쌓은 모양에서 규칙을 쓸 때에는 **어느 방향으로 몇 개가 늘어나는지(줄어드는지)** 써야 해.

정답 ❶ 2   ❷ 1

[1-1 ~ 2-1] 쌓여 있는 모양을 보고 물음에 답하세요.

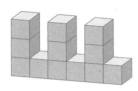

1-1 반복되는 부분으로 알맞은 것에 ○표 하세요.

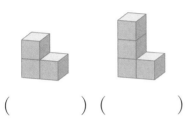

(　　　　) (　　　　)

[1-2 ~ 2-2] 놓여 있는 모양을 보고 물음에 답하세요.

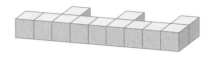

1-2 반복되는 부분으로 알맞은 것에 ○표 하세요.

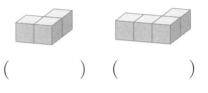

(　　　　) (　　　　)

2-1 규칙을 완성하세요.

> 규칙 쌓기나무를 ☐개, Ⅰ개가 반복되게 쌓았습니다.

2-2 규칙을 완성하세요.

> 규칙 쌓기나무를 Ⅰ개, ☐개, ☐개가 반복되게 놓았습니다.

4주
5일

[3-1 ~ 4-1] 쌓은 모양을 보고 물음에 답하세요.

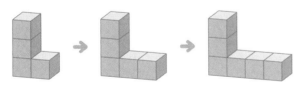

3-1 규칙을 완성하세요.

> 규칙 쌓기나무가 오른쪽으로 ☐개씩 (줄어듭니다 , 늘어납니다).

[3-2 ~ 4-2] 쌓은 모양을 보고 물음에 답하세요.

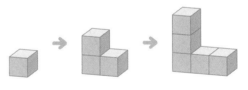

3-2 규칙을 완성하세요.

> 규칙 쌓기나무가 오른쪽과 위쪽으로 각각 ☐개씩 늘어납니다.

4-1 네 번째에 쌓을 모양의 쌓기나무는 몇 개인가요?

(　　　　　　　)

4-2 네 번째에 쌓을 모양의 쌓기나무는 몇 개인가요?

(　　　　　　　)

일	월	화	수	목	금	토
1	2	3	4	5	6	7
8	9	10	11	12	13	14
15	16	17	18	19	20	21
22	23	24	25	26	27	28

교과서 기초 개념

• 달력에서 규칙 찾기

일	월	화	수	목	금	토
	1	2	3	4	5	6
7	8	9	10	11	12	13
14	15	16	17	18	19	20
21	22	23	24	25	26	27
28	29	30				

오른쪽으로 갈수록 1씩 커지는 규칙

↘ 방향으로
❷ [ ] 씩 커지는 규칙

아래쪽으로 갈수록 ❶ [ ] 씩 커지는 규칙

정답 ❶ 7   ❷ 8

[1-1 ~ 2-2] 극장의 의자 번호를 보고 물음에 답하세요.

무대

1-1 알맞은 말에 ○표 하세요.

규칙 앞줄에서부터 가, 나, 다, 라로 (한글 , 숫자) 순서대로 적혀 있는 규칙이 있습니다.

1-2 알맞은 말에 ○표 하세요.

규칙 왼쪽에서부터 ㅣ, 2, 3……과 같이 (한글 , 숫자) 순서대로 적혀 있는 규칙이 있습니다.

2-1 ㉠에 알맞은 의자 번호를 써 보세요.

( )

2-2 ㉡에 알맞은 의자 번호를 써 보세요.

( )

4주 **5**일

[3-1 ~ 3-2] 생활 속에서 규칙을 찾아 ☐ 안에 알맞은 수를 써넣으세요.

3-1 엘리베이터 버튼

규칙 같은 줄에서 아래쪽으로 갈수록 ☐씩 작아집니다.

3-2 현관문 잠금장치

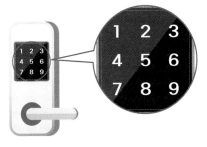

규칙 같은 줄에서 아래쪽으로 갈수록 ☐씩 커집니다.

기본 문제 연습

[**1**-1 ~ **1**-2] 규칙을 완성하세요.

1-1

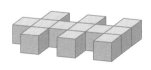

규칙 쌓기나무를 1개, ☐개가 반복
되게 놓았습니다.

1-2

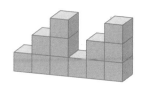

규칙 쌓기나무를 1개, ☐개, ☐개
가 반복되게 쌓았습니다.

2-1 계산기에 있는 수의 규칙을 찾아 빈 곳에
알맞은 수를 써넣으세요.

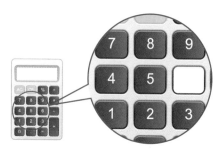

2-2 학교 사물함의 번호를 보고 규칙을 찾아
빈 곳에 알맞은 수를 써넣으세요.

1	4	7	10	13
2	5	8	11	14
3	6			

[**3**-1 ~ **3**-2] 규칙에 따라 네 번째에 쌓을 모양의 쌓기나무 수를 구하세요.

3-1

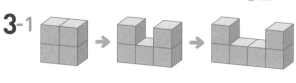

( )

3-2

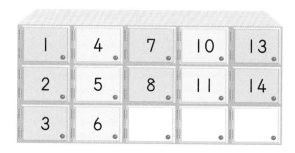

( )

기초 → 기본 연습　각 시곗바늘이 변하는 규칙을 찾자.

기초 시계의 규칙으로 알맞은 것의 기호를 써 보세요.

```
┌─────────────────────────────────┐
│ ㉠ 짧은바늘이 가리키는 수가       │
│    1씩 커집니다.                 │
│ ㉡ 긴바늘이 가리키는 수가         │
│    2씩 커집니다.                 │
└─────────────────────────────────┘
```

(　　　　　　　　)

4-1 규칙을 완성하세요.

규칙 짧은바늘이 가리키는 수가

☐ 씩 커집니다.

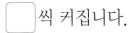

긴바늘은 계속 12를 가리키고 있어.

4-2 규칙을 완성하세요.

규칙 짧은바늘이 가리키는 수가 _____

4-3 규칙을 찾아 시곗바늘을 알맞게 그려 보세요.

1 규칙에 따라 만든 무늬입니다. ☐ 안에 알맞은 모양에 ○표 하세요.

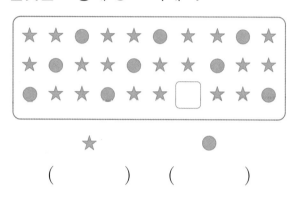

★   ●

(   )   (   )

2 규칙을 완성하세요.

규칙 쌓기나무가 오른쪽으로 ☐개씩 늘어납니다.

3 덧셈표를 보고 규칙을 완성하세요.

+	1	3	5	7
1	2	4	6	8
3	4	6	8	10
5	6	8	10	12
7	8	10	12	14

규칙 ↘ 방향으로 ☐씩 커지는 규칙이 있습니다.

[4 ~ 5] 성아네 반 학생들이 오늘 입고 온 윗옷 색깔을 조사하였습니다. 물음에 답하세요.

오늘 입고 온 윗옷 색깔

이름	색깔	이름	색깔	이름	색깔
성아		기훈		원석	
주영		재선		윤서	
민호		진아		희연	

4 학생들이 오늘 입고 온 윗옷 색깔을 표로 나타내세요.

윗옷 색깔별 학생 수

색깔				합계
학생 수(명)				

5 위 **4**의 표를 보고 ○를 이용하여 그래프로 나타내세요.

윗옷 색깔별 학생 수

색깔\학생 수(명)	1	2	3	4

[6 ~ 7] 가희네 모둠 학생들이 좋아하는 운동을 조사하여 표와 그래프로 나타내었습니다. 물음에 답하세요.

좋아하는 운동별 학생 수

운동	축구	야구	수영	피구	합계
학생 수(명)	4	2	1	3	10

좋아하는 운동별 학생 수

4	○			
3	○			○
2	○	○		○
1	○	○	○	○
학생 수(명) \ 운동	축구	야구	수영	피구

6 가장 많은 학생이 좋아하는 운동은 무엇인가요?

(   )

7 조사한 학생은 몇 명인가요?

(   )

8 규칙을 찾아 빈칸에 알맞은 수를 써넣으세요.

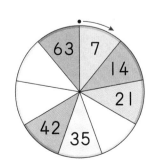

9 다음 컴퓨터 자판에서 찾을 수 있는 수의 규칙을 바르게 말한 사람은 누구인가요?

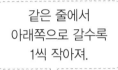
같은 줄에서 아래쪽으로 갈수록 1씩 작아져.

↗ 방향으로 4씩 커져.

민하

영탁

(   )

10 문에 규칙이 있습니다. 규칙에 맞게 빈곳에 알맞은 모양을 그려 보세요.

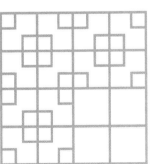

4주
평가

창의·융합·코딩

창의1 그림을 보고 간식을 몰래 먹은 동물의 발자국을 찾아 ○표 하세요.

발자국 색깔을 보고 간식을 몰래 먹은 동물의 발자국을 찾아봐.

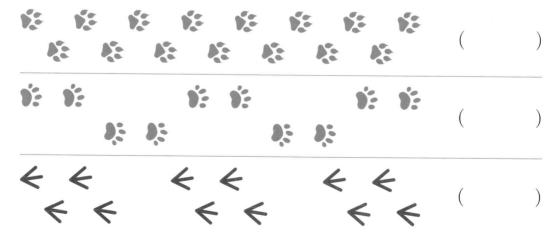

각자 주운 도토리의 수는?!

그림을 보고 각자 주운 도토리의 수에 맞게 ○를 이용하여 그래프로 나타내세요.

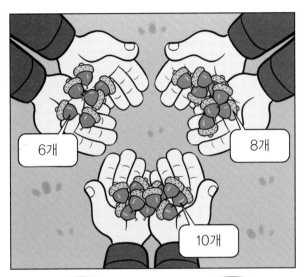

주운 도토리의 수

지후										
연후										
원권										
이름 / 도토리 수(개)	1	2	3	4	5	6	7	8	9	10

창의**3** 현석이네 가족이 입는 잠옷에는 특별한 규칙이 있습니다. 규칙을 찾아 현석이 잠옷의 무늬를 그려 보세요.

융합**4** 두 양궁 선수의 연습 경기 점수를 조사하여 그래프로 나타내었습니다. 9점에 더 많이 쏜 선수는 누구인가요?

점수별 쏜 횟수

5				
4		○		
3	○	○		
2	○	○	○	
1	○	○	○	○
횟수(번) / 점수	10점	9점	8점	7점

▲ 김보람 선수

점수별 쏜 횟수

7점					
8점	/	/	/	/	/
9점	/				
10점	/	/	/	/	
점수 / 횟수(번)	1	2	3	4	5

▲ 최아진 선수

답 _____

[5~7] 책상 자리마다 일정한 규칙에 따라 수가 쓰여 있습니다. 물음에 답하세요.

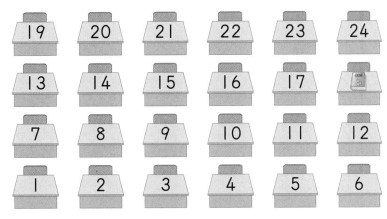

칠판

창의 5 같은 줄에서 오른쪽으로 갈수록 몇씩 커지는 규칙이 있나요?

답 _____

4주
특강

창의 6 책이 놓여 있는 책상에는 어떤 수가 쓰여 있나요?

답 _____

창의 7 규칙에 맞게 ☐ 안에 알맞은 수를 써넣고, 알맞은 말에 ○표 하세요.

규칙 ↗ 방향으로 ☐씩 (작아집니다 , 커집니다).

창의·융합·코딩

코딩 **8** 코봇은 명령에 따라 다음의 **4**가지 행동을 할 수 있습니다.

뒤로 돌기　　　제자리 뛰기　　　옆을 보기　　　색 바꾸기

시작하기 버튼을 클릭했을 때 코봇이 한 각 행동의 수를 구해 /을 이용하여 그래프로 나타내세요.

▶ 시작하기 버튼을 클릭했을 때

3 번 반복하기
　뒤로 돌기

5 번 반복하기
　뒤로 돌기
　제자리 뛰기

2 번 반복하기
　제자리 뛰기
　옆을 보기

4 번 반복하기
　색 바꾸기
　옆을 보기

코봇의 행동별 횟수

8				
7				
6				
5				
4				
3				
2				
1				
횟수(번)／행동	뒤로 돌기	제자리 뛰기	옆을 보기	색 바꾸기

각 행동을 몇 번씩 반복했는지 알아봐.

코딩 9 컴퓨터는 여러 가지 정보를 두 가지 숫자 0과 1로 바꾸어 저장합니다. 다음 그림의 규칙을 찾아 빈칸을 채우고, 컴퓨터와 같이 ■는 0, ○는 1로 바꾸어 나타내세요.

0	1	1	0	1	1	0	1
			0	1	1	0	
	0	1	1	0	1	1	

 5분마다 장식품을 비추는 조명 색을 바꾸는 명령 프로그램입니다. 9시가 되자 빨간 색 조명이 켜지고, 9시 5분이 되자 초록색 조명으로 바뀌어 켜졌다면 9시 27분에는 어떤 색 조명이 켜져 있나요?

▶ 시작하기 버튼을 클릭했을 때

계속 반복하기 ∧

5분간 색을 빨간색으로 바꾸기 ⇄

5분간 색을 초록색으로 바꾸기 ⇄

5분간 색을 파란색으로 바꾸기 ⇄

5분간 색을 노란색으로 바꾸기 ⇄

답 _____

초등 문해력
독해가 힘이다
문장제 수학편

끊어읽기

조건과 구하려는 것

맞춤형

문해력 어휘 백과

5-B 문장제 수학편

Q 문해력을 키우면 정답이 보인다

초등 문해력 독해가 힘이다
문장제 수학편 (초등 1~6학년 / 단계별)

짧은 문장 연습부터 긴 문장 연습까지 문장을 읽고 이해하며 해결하는 연습을 하여
수학 문해력을 길러주는 문장제 연습 교재

뭘 좋아할지 몰라 다 준비했어♥
전과목 교재

전과목 시리즈 교재

● 무등생 해법시리즈

– 국어/수학	1~6학년, 학기용
– 사회/과학	3~6학년, 학기용
– SET(전과목/국수, 국사과)	1~6학년, 학기용

● 똑똑한 하루 시리즈

– 똑똑한 하루 독해	예비초~6학년, 총 14권
– 똑똑한 하루 글쓰기	예비초~6학년, 총 14권
– 똑똑한 하루 어휘	예비초~6학년, 총 14권
– 똑똑한 하루 한자	예비초~6학년, 총 14권
– 똑똑한 하루 수학	1~6학년, 총 12권
– 똑똑한 하루 계산	예비초~6학년, 총 14권
– 똑똑한 하루 도형	예비초~6학년, 총 8권
– 똑똑한 하루 사고력	1~6학년, 총 12권
– 똑똑한 하루 사회/과학	3~6학년, 학기용
– 똑똑한 하루 안전	1~2학년, 총 2권
– 똑똑한 하루 Voca	3~6학년, 학기용
– 똑똑한 하루 Reading	초3~초6, 학기용
– 똑똑한 하루 Grammar	초3~초6, 학기용
– 똑똑한 하루 Phonics	예비초~초등, 총 8권

● 독해가 힘미다 시리즈

– 초등 수학도 독해가 힘이다	1~6학년, 학기용
– 초등 문해력 독해가 힘이다 문장제수학편	1~6학년, 총 12권
– 초등 문해력 독해가 힘이다 비문학편	3~6학년, 총 8권

명어 교재

● 초등명어 교과서 시리즈

파닉스(1~4단계)	3~6학년, 학년용
명단어(1~4단계)	3~6학년, 학년용

● LOOK BOOK 명단어	3~6학년, 단행본
● 원서 읽는 LOOK BOOK 명단어	3~6학년, 단행본

국가수준 시험 대비 교재

● 해법 기초학력 진단평가 문제집	2~6학년·중1 신입생, 총 6권

정답 및 풀이

똑똑한
**하루
수학**

초등
수학 **2B**
2학년 수준

천재교육

정답 및 풀이
포인트 3가지

▶ OX퀴즈로 쉬어가며 개념 확인

▶ 혼자서도 이해할 수 있는 문제 풀이

▶ 참고, 주의 등 자세한 풀이 제시

정답 및 풀이

1주 · 네 자리 수 / 곱셈구구

✻ 개념 ○✕ 퀴즈

옳으면 ○에, 틀리면 ✕에 ○표 하세요.

퀴즈 1

2176은 이천백칠십육이라고 읽습니다.

○ ✕

퀴즈 2

3단 곱셈구구에서
3×7=20입니다.

○ ✕

정답은 7쪽에서 확인하세요.

6~7쪽	1주에는 무엇을 공부할까?②
1-1 235	**1-2** 318
2-1 사백이십칠	**2-2** 이백팔십육
3-1 300	**3-2** 500
4-1 4, 4	**4-2** 3, 3
5-1 15, 15	**5-2** 10, 5, 10

1-1 100이 2개 ➡ 200 ┐
　　 10이 3개 ➡ 30 ┤➡ 235
　　 1이 5개 ➡ 5 ┘

1-2 100이 3개 ➡ 300 ┐
　　 10이 1개 ➡ 10 ┤➡ 318
　　 1이 8개 ➡ 8 ┘

2-1 | 4 | 2 | 7 |
　　 | 사백 | 이십 | 칠 |

2-2 | 2 | 8 | 6 |
　　 | 이백 | 팔십 | 육 |

3-1 100이 3개 ➡ 300

3-2 100이 5개 ➡ 500

5-1 5씩 3묶음 ➡ 5+5+5=15
　　　 ➡ 5×3=15

5-2 2씩 5묶음 ➡ 2+2+2+2+2=10
　　　 ➡ 2×5=10

9쪽	개념 · 원리 확인

1-1 1000　　　**1-2** 10

2-1 (예)

2-2

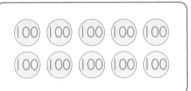

3-1 (1) 100 (2) 200 (3) 300
3-2 (1) 10 (2) 1

2-1 1000은 100이 10개인 수이므로 100원짜리 동전을 10개 묶습니다.

2-2 1000은 100이 10개인 수이므로 ⑩을 10개 그립니다.

11쪽	개념 · 원리 확인

1-1 2000, 이천　　　**1-2** 4000, 사천
2-1 팔천　　　　　　**2-2** 칠천
3-1 (1) 5000 (2) 4000
3-2 (1) 3000 (2) 6000
4-1 5000장　　　　　**5-2** 6000개

1-1 천 모형이 2개이므로 2000입니다.

1-2 천 모형이 4개이므로 4000입니다.

2-1 8 000
　　　팔　천

2-2 7 000
　　　칠　천

> **주의**
>
> 몇천을 읽을 때에는 둘천, 셋천, 넷천……이 아니라
> 이천, 삼천, 사천……이라고 읽습니다.

4-1 1000이 5개 ➡ 5000

4-2 1000이 6개 ➡ 6000

12~13쪽	기초 집중 연습
1-1 1000	**1-2** 900
2-1 100	**2-2** 10
3-1	**3-2**
4-1 200원	**4-2** 400원
기본 3000	**5-1** 3000원
5-2 8000원	**5-3** 9000개

1-1 970 − 980 − 990 − 1000
　　　　　10　　10　　10

1-2 700 − 800 − 900 − 1000
　　　　　100　　100　　100

2-1 900이 1000이 되려면 100이 더 있어야 합니다.

2-2 990이 1000이 되려면 10이 더 있어야 합니다.

3-1 1000이 5개 ➡ 5000
　　　 1000이 7개 ➡ 7000

3-2 1000이 4개 ➡ 4000
　　　 1000이 8개 ➡ 8000

4-1 100이 8개이면 800입니다.
　　　 800이 1000이 되려면 200이 더 있어야 합니다.

> **다른 풀이**
>
> 800원이 있으므로 100원을 2개 더 그리면 1000원
> 이 됩니다. ➡ 200원

4-2 100이 6개이면 600입니다.
　　　 600이 1000이 되려면 400이 더 있어야 합니다.

> **다른 풀이**
>
> 600원이 있으므로 100원을 4개 더 그리면 1000원
> 이 됩니다. ➡ 400원

5-1 1000이 3개이면 3000입니다.

5-2 1000이 8개이면 8000입니다.

5-3 1000이 9개이면 9000입니다.

15쪽	개념 · 원리 확인
1-1 3230	**1-2** 2316
2-1 (1) 삼천오백이십사　(2) 구천칠백십삼	
2-2 (1) 6705　(2) 3960	
3-1 5, 8, 3, 2	**3-2** 7, 6, 9, 4
4-1 8236	**4-2** 2927

1-1 1000이 3개 ➡ 3000 ┐
　　　 100이 2개 ➡ 　200 ├➡ 3230
　　　 10이 3개 ➡ 　 30 ┘

1-2 1000이 2개 ➡ 2000 ┐
　　　 100이 3개 ➡ 　300 │
　　　 10이 1개 ➡ 　 10 ├➡ 2316
　　　 1이 6개 ➡ 　　 6 ┘

2-2 (1) 십의 자리를 안 읽었으므로 십의 자리에 0을
　　　　 씁니다.
　　　 (2) 일의 자리를 안 읽었으므로 일의 자리에 0을
　　　　 씁니다.

4-1 1000이 8개이면 8000, 100이 2개이면
　　　 200, 10이 3개이면 30, 1이 6개이면 6이므
　　　 로 8236입니다.

4-2 1000이 2개이면 2000, 100이 9개이면 900, 10이 2개이면 20, 1이 7개이면 7이므로 2927입니다.

17쪽	개념 · 원리 확인

1-1 십   **1-2** 천
2-1 (1) 4000 (2) 700
2-2 (1) 20 (2) 4 (3) 5000
3-1 800, 10
3-2 200, 60, 3
4-1 ( )(○)   **4-2** ( )
                                      (○)

3-1

3 8 1 5
천의 자리 숫자 ➡ 3000
백의 자리 숫자 ➡ 800
십의 자리 숫자 ➡ 10
일의 자리 숫자 ➡ 5

3-2

7 2 6 3
천의 자리 숫자 ➡ 7000
백의 자리 숫자 ➡ 200
십의 자리 숫자 ➡ 60
일의 자리 숫자 ➡ 3

4-1 3451에서 3이 나타내는 값 ➡ 3000
7329에서 3이 나타내는 값 ➡ 300

4-2 2675에서 6이 나타내는 값 ➡ 600
9368에서 6이 나타내는 값 ➡ 60

18~19쪽	기초 집중 연습

1-1 2, 5, 4   **1-2** 천의 자리 숫자
2-1 ㉠   **2-2** 정우
3-1 ㉡   **3-2** ㉠
4-1 70   **4-2** 9000
기본 3759   **5-1** 3759
5-2 7634   **5-3** 2750원

1-1 6 2 5 4
     천 백 십 일

1-2 3465
         ➡ 천의 자리 숫자

2-1 ㉠ 5906 ➡ 오천구백육
           ➡ 0은 읽지 않습니다.

2-2 2017 ➡ 이천십칠
         ➡ 0은 읽지 않습니다.

3-1 ㉠ 5728 ➡ 5   ㉡ 2139 ➡ 2

3-2 ㉠ 1504 ➡ 5   ㉡ 6352 ➡ 3

4-1 2476에서 7은 십의 자리 숫자이고 10이 7개이므로 70을 나타냅니다.

4-2 9183에서 9는 천의 자리 숫자이고 1000이 9개이므로 9000을 나타냅니다.

5-1 1000이 3개 ➡ 3000 ┐
      100이 7개 ➡ 700 ┤
      10이 5개 ➡   50 ├ ➡ 3759
      1이 9개 ➡   9 ┘

5-2 천의 자리 숫자: 7 → 7000 ┐
     백의 자리 숫자: 6 → 600 ┤
     십의 자리 숫자: 3 →   30 ├ ➡ 7634
     일의 자리 숫자: 4 →   4 ┘

5-3 1000원짜리 지폐 2장 ➡ 2000원 ┐
     100원짜리 동전 7개 ➡ 700원 ├ ➡ 2750원
     10원짜리 동전 5개 ➡   50원 ┘

21쪽	개념 · 원리 확인

1-1 6500, 7500
1-2 6925, 7925, 8925, 9925
2-1 4368, 4468   **2-2** 3512, 3612
3-1 7650, 7660, 7670, 7680
3-2 5834, 5844, 5854, 5864
4-1 (순서대로) 2976, 2977
4-2 (순서대로) 6357, 6358, 6359

정답 및 풀이

1-1 천의 자리 숫자가 1씩 커지도록 뛰어 셉니다.

1-2 천의 자리 숫자가 1씩 커지도록 뛰어 셉니다.

2-1 백의 자리 숫자가 1씩 커지도록 뛰어 셉니다.

2-2 백의 자리 숫자가 1씩 커지도록 뛰어 셉니다.

3-1 십의 자리 숫자가 1씩 커지도록 뛰어 셉니다.

3-2 십의 자리 숫자가 1씩 커지도록 뛰어 셉니다.

4-1 일의 자리 숫자가 1씩 커지도록 뛰어 셉니다.

4-2 일의 자리 숫자가 1씩 커지도록 뛰어 셉니다.

23쪽	개념 · 원리 확인
1-1 >	**1-2** >
2-1 <	**2-2** <
3-1 (○)( )	**3-2** ( )(○)
4-1 (1) < (2) <	**4-2** (1) < (2) >

1-1 2020 > 2000
└─2>0─┘

1-2 1104 > 1033
└─1>0─┘

2-1 수직선에서 오른쪽에 있는 수가 더 큰 수입니다.
➡ 4800이 4600보다 더 오른쪽에 있으므로 4600<4800입니다.

2-2 수직선에서 오른쪽에 있는 수가 더 큰 수입니다.
➡ 5860이 5830보다 더 오른쪽에 있으므로 5830<5860입니다.

3-1 8700 > 8356
└─7>3─┘

3-2 1320 < 4159
└─1<4─┘

4-1 (1) 2937 < 4256 (2) 5310 < 5602
└─2<4─┘   └─3<6─┘

4-2 (1) 9347 < 9350 (2) 6074 > 6071
└─4<5─┘   └─4>1─┘

24~25쪽	기초 집중 연습
1-1 <	**1-2** <
2-1 100	**2-2** 10
3-1 ( )(○)( )	**3-2** 수현
4-1 7697, 7698	**4-2** 5618, 7618
기본 8, 7, 4, 3 / 8743	
5-1 8743	**5-2** 9732
5-3 1258	

1-1 3854 < 3916
└─8<9─┘

1-2 5463 < 5490
└─6<9─┘

2-1 백의 자리 숫자가 1씩 커지므로 100씩 뛰어 센 것입니다.

2-2 십의 자리 숫자가 1씩 커지므로 10씩 뛰어 센 것입니다.

> 참고
> ■의 자리 숫자가 1씩 커지면 ■씩 뛰어 센 것입니다.

3-1 천의 자리 숫자를 비교하면 2<3이므로 2910보다 3230, 3229가 더 큽니다.
3230과 3229의 십의 자리 숫자를 비교하면 3>2이므로 3230이 가장 큰 수입니다.

3-2 천의 자리 숫자를 비교하면 6>5이므로 6051이 가장 큰 수입니다.

4-1 일의 자리 숫자가 1씩 커지므로 1씩 뛰어 셉니다.

4-2 천의 자리 숫자가 1씩 커지므로 1000씩 뛰어 셉니다.

5-1 큰 수부터 차례로 천, 백, 십, 일의 자리에 놓습니다.
8>7>4>3 ➡ 가장 큰 네 자리 수: 8743

5-2 큰 수부터 차례로 천, 백, 십, 일의 자리에 놓습니다.
9>7>3>2 ➡ 가장 큰 네 자리 수: 9732

5-3 작은 수부터 차례로 천, 백, 십, 일의 자리에 놓습니다.
1<2<5<8 ➡ 가장 작은 네 자리 수: 1258

27쪽	개념 · 원리 확인
1-1 4, 4	1-2 10, 10
2-1 8	2-2 12
3-1	3-2
4-1 18	4-2 6

1-1 체리 2개씩 2묶음 ➡ $2+2=4$
　　　　　　　　　　　　$2×2=4$

1-2 야구공 2개씩 5묶음 ➡ $2+2+2+2+2=10$
　　　　　　　　　　　　　　$2×5=10$

2-1 2씩 4묶음입니다. ➡ $2×4=8$

2-2 2씩 6묶음입니다. ➡ $2×6=12$

3-1 $2×5=10$, $2×6=12$

3-2 $2×8=16$, $2×7=14$

4-1 $2×9=18$

4-2 $2×3=6$

29쪽	개념 · 원리 확인
1-1 10, 10	1-2 15, 15
2-1 20	2-2 25
3-1 (1) 40 (2) 30	3-2 45
4-1 5, 10, 3, 4	4-2 25, 6, 35, 8

1-1 구슬 5개씩 2묶음 ➡ $5+5=10$
　　　　　　　　　　　$5×2=10$

1-2 구슬 5개씩 3묶음 ➡ $5+5+5=15$
　　　　　　　　　　　　$5×3=15$

2-1 5씩 4묶음입니다. ➡ $5×4=20$

2-2 5씩 5묶음입니다. ➡ $5×5=25$

4-1 $5×1=5$, $5×2=10$, $5×3=15$,
　　$5×4=20$

4-2 $5×5=25$, $5×6=30$, $5×7=35$,
　　$5×8=40$

30~31쪽	기초 집중 연습
1-1 18	1-2 35
2-1 (　)(○)	2-2 ㉡
3-1 14	3-2 20
4-1 ③	4-2 24에 ○표
연산 8	5-1 4, 8 / 8개
5-2 $5×6=30$, 30장	5-3 $5×3=15$, 15명

2-1 $5×6=30$

2-2 ㉡ $2×5=10$

3-1 $2×7=14$

3-2 $5×4=20$

4-1 ① $2×2=4$　　② $2×3=6$
　　④ $2×5=10$　⑤ $2×6=12$

4-2 $5×3=15$, $5×2=10$

5-1 2개씩 4묶음 ➡ $2×4=8$(개)

5-2 5장씩 6송이 ➡ $5×6=30$(장)

5-3 5명씩 3대 ➡ $5×3=15$(명)

33쪽	개념 · 원리 확인
1-1 6, 6	1-2 15, 15
2-1 9	
2-2 / 12	
3-1 18	3-2 24
4-1 21	4-2 27

1-1 도넛 3개씩 2묶음 ➡ $3+3=6$
　　　　　　　　　　　$3×2=6$

1-2 딸기 3개씩 5묶음 ➡ $3+3+3+3+3=15$
　　　　　　　　　　　　　$3×5=15$

정답 및 풀이

3-1 3개씩 6묶음입니다. ➡ 3×6=18

3-2 3개씩 8묶음입니다. ➡ 3×8=24

4-1 3×7=21

4-2 3×9=27

35쪽	개념 · 원리 확인
1-1 12, 12	**1-2** 24, 24
2-1 18	**2-2** 30
3-1 ⑴ 42 ⑵ 48	**3-2** ⑴ 54 ⑵ 36
4-1 12, 3, 24, 5	**4-2** 36, 7, 8, 9

1-1 6을 2번 더합니다. ➡ 6×2

1-2 6을 4번 더합니다. ➡ 6×4

4-1 6×2=12, 6×3=18, 6×4=24, 6×5=30

4-2 6×6=36, 6×7=42, 6×8=48, 6×9=54

36~37쪽	기초 집중 연습
1-1 24	**1-2** 24
2-1 12	**2-2** 15
3-1	**3-2**

4-1

4-2

연산 12	**5-1** 3, 4, 12, 12개
5-2 6, 3, 18, 18개	**5-3** 3×7=21, 21개

3-1 3×9=27, 3×7=21

3-2 6×8=48, 6×7=42

4-1 6×5=30

4-2 3×6=18

5-1 3개씩 4묶음 ➡ 3×4=12(개)

5-2 6개씩 3송이 ➡ 6×3=18(개)

5-3 바퀴 3개씩 7대 ➡ 3×7=21(개)

38~39쪽	누구나 100점 맞는 테스트
1 4, 8	**2** 1000
3 45	**4** 2783
5 6500원	
6 4931, 5931, 6931, 7931	
7 <	**8** ④
9 ㉢	**10** 6×8=48, 48개

1 2개씩 4묶음 ➡ 2×4=8

2 100이 10개이면 1000입니다.

3 5×9=45

4 1000이 2개 ➡ 2000
　100이 7개 ➡ 700
　10이 8개 ➡ 80
　1이 3개 ➡ 3
➡ 2783

5 1000이 6개 ➡ 6000
　100이 5개 ➡ 500
➡ 6500

6 1000씩 뛰어 세면 천의 자리 숫자가 1씩 커집니다.

7 6914 < 6950
　└1<5┘

8 ① 3×1=3　　② 3×4=12
　③ 3×5=15　　⑤ 3×8=24

9 ㉠ <u>7</u>246 ➡ 7000

㉡ 59<u>7</u>2 ➡ 70

㉢ 1<u>7</u>38 ➡ 700

10 (개미 한 마리의 다리 수)×(개미 수)

=6×8=48(개)

40~45쪽 특강 | 창의·융합·코딩

창의 **1** 6, 6, 3 / 5, 400, 4 / 3456

창의 **2** 토끼, 강아지, 너구리, 원숭이 / 18

코딩 **3** 3586   창의 **4** 초콜릿

융합 **5** 2개   융합 **6** 2300원

코딩 **7** 2000점   코딩 **8** 5734

창의 **9** 1, 5   창의 **10** 16점

창의 **1** 일의 자리 수: 개미의 다리 수는 6개이므로 일
의 자리 숫자는 6입니다.

천의 자리 수: 의자왕과 삼천 궁녀이므로 천의
자리 숫자는 3입니다.

십의 자리 수: 거울에 비추면 왼쪽과 오른쪽 모
양이 바뀌므로 십의 자리 숫자는
5입니다.

백의 자리 수: 100이 4개이면 400이므로 백
의 자리 숫자는 4입니다.

창의 **2** 토끼가 강아지 바로 앞에 탄다고 했으므로 순서
는 토끼 ─ 강아지입니다.

원숭이의 바로 앞에 너구리가 있으므로 순서는
너구리 ─ 원숭이입니다.

강아지 앞에는 원숭이가 없으므로 원숭이는 강
아지 뒤에 있어야 합니다.

순서는 토끼 ─ 강아지 ─ 너구리 ─ 원숭이입니다.

두 번째: 강아지, 세 번째: 너구리

➡ (강아지가 가지고 있는 숫자)

×(너구리가 가지고 있는 숫자)

=3×6=18

코딩 **3** ⇩: 2476 ─ 2576

⇨: 2576 ─ 3576

⇧: 3576 ─ 3586

따라서 ♥에 도착했을 때의 수는 3586입니다.

창의 **4**

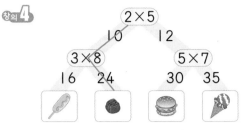

2×5=10, 3×8=24

융합 **5** 숫자 5가 나타내는 값이 5000인 수는
5136, 5910이므로 노란색 구슬은 2개 필요
합니다.

융합 **6** 엄마: 1000원짜리 지폐 2장 → 2000원

우진: 100원짜리 동전 3개 → 300원

➡ 2300원

코딩 **7**

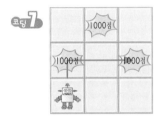

1000이 2개이면 2000입니다.

코딩 **8** 2734 ─ 3734 ─ 4734 ─ 5734

1번 반복   2번 반복   3번 반복

창의 **9** 곱하는 수가 1, 2, 3, 4, 5, 6, 7, 8, 9로 1씩
커지면 곱은 5, 10, 15, 20, 25, 30, 35,
40, 45로 5씩 커집니다.

창의 **10** 5점이 2개이므로 5×2=10(점)입니다.

2점이 3개이므로 2×3=6(점)입니다.

➡ 10+6=16(점)

✳ 개념 ◯✕ 퀴즈 정답

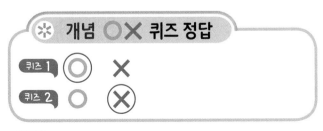

퀴즈 **1** ◯   ✕

퀴즈 **2** ◯   ⊗

퀴즈 **2** 3단 곱셈구구에서 3×7=21입니다.

2주 · 곱셈구구 / 길이 재기

❋ 개념 ⭕✖ 퀴즈

옳으면 ⭕에, 틀리면 ✖에 ⭕표 하세요.

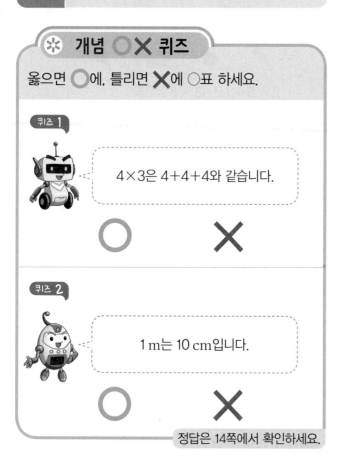

퀴즈 1

4×3은 4+4+4와 같습니다.

⭕   ✖

퀴즈 2

1 m는 10 cm입니다.

⭕   ✖

정답은 14쪽에서 확인하세요.

48~49쪽	2주에는 무엇을 공부할까?②
1-1 5, 5, 20 / 4, 20	
1-2 4, 4, 12 / 3, 12	
2-1 3, 6, 18	**2-2** 2, 7, 14
3-1 I cm I cm I cm	
3-2 I 센티미터	
4-1 3, 3	**4-2** 6, 6

1-1 5씩 4묶음을 덧셈식으로 나타내면
5+5+5+5=20이고,
곱셈식으로 나타내면 5×4=20입니다.

1-2 4씩 3묶음을 덧셈식으로 나타내면
4+4+4=12이고,
곱셈식으로 나타내면 4×3=12입니다.

3-1 숫자 I은 크게 쓰고 cm는 작게 씁니다.

4-1 I cm로 3번은 3 cm입니다.

4-2 I cm로 6번은 6 cm입니다.

51쪽	개념 · 원리 확인
1-1 4	**1-2** 8
2-1 I6	**2-2** 24
3-1 I2 / 3, I2	**3-2** 28 / 7, 28
4-1 20, 24	**4-2** ⑴ 32 ⑵ 36

1-1 사탕이 4개씩 I묶음
➡ 4×I=4

1-2 사탕이 4개씩 2묶음
➡ 4×2=8

2-1 4씩 4번 뛰어 세면 I6입니다.
➡ 4×4=I6

2-2 4씩 6번 뛰어 세면 24입니다.
➡ 4×6=24

3-1 4+4+4=I2 ➡ 4×3=I2
└─3번─┘

3-2 4+4+4+4+4+4+4=28 ➡ 4×7=28
└──────7번──────┘

4-1 4×5=20, 4×6=24

53쪽	개념 · 원리 확인
1-1 32	**1-2** 40
2-1 24	**2-2** 48
3-1 40 / 5, 40	**3-2** 56 / 7, 56
4-1 8	**4-2** ⑴ 64 ⑵ 72

1-1 구슬이 8개씩 4묶음
➡ 8×4=32

1-2 구슬이 8개씩 5묶음
➡ 8×5=40

2-1 8씩 3번 뛰어 세면 24입니다.
→ $8 \times 3 = 24$

2-2 8씩 6번 뛰어 세면 48입니다.
→ $8 \times 6 = 48$

3-1 $8 + 8 + 8 + 8 + 8 = 40$ → $8 \times 5 = 40$
5번

3-2 $8 + 8 + 8 + 8 + 8 + 8 + 8 = 56$ → $8 \times 7 = 56$
7번

54~55쪽	기초 집중 연습
1-1 20	**1-2** 16
2-1 8	**2-2** 64
3-1	**3-2**
4-1 ㉠	**4-2** ㉡
연산 12	**5-1** $4 \times 3 = 12$, 12개

5-2 $4 \times 7 = 28$, 28자루
5-3 $8 \times 6 = 48$, 48개

2-1 $4 \times 2 = 8$

2-2 $8 \times 8 = 64$

3-1 $4 \times 8 = 32$, $4 \times 6 = 24$

3-2 $8 \times 3 = 24$, $8 \times 5 = 40$

4-1 ㉡ $4 \times 7 = 28$

4-2 ㉠ $8 \times 7 = 56$

5-1 (자동차 한 대의 바퀴 수)×(자동차 수)
$= 4 \times 3 = 12$(개)

5-2 (필통 한 개에 들어 있는 연필 수)×(필통 수)
$= 4 \times 7 = 28$(자루)

5-3 (접시 한 개에 놓여 있는 쿠키 수)×(접시 수)
$= 8 \times 6 = 48$(개)

57쪽	개념 · 원리 확인
1-1 28	**1-2** 35
2-1 14	**2-2** 42
3-1 21 / 3, 21	**3-2** 28 / 4, 28
4-1 7, 14, 21	**4-2** 49, 56, 63

1-1 나뭇가지 1개에 나뭇잎이 7장씩 4개
→ $7 \times 4 = 28$

1-2 나뭇가지 1개에 나뭇잎이 7장씩 5개
→ $7 \times 5 = 35$

2-1 7씩 2번 뛰어 세면 14입니다.
→ $7 \times 2 = 14$

2-2 7씩 6번 뛰어 세면 42입니다.
→ $7 \times 6 = 42$

3-1 $7 + 7 + 7 = 21$ → $7 \times 3 = 21$
3번

3-2 $7 + 7 + 7 + 7 = 28$ → $7 \times 4 = 28$
4번

4-1 $7 \times 1 = 7$, $7 \times 2 = 14$, $7 \times 3 = 21$

4-2 $7 \times 7 = 49$, $7 \times 8 = 56$, $7 \times 9 = 63$

59쪽	개념 · 원리 확인
1-1 36	**1-2** 45
2-1 27 / 3, 27	**2-2** 54 / 6, 54
3-1 2, 18	**3-2** 7, 63
4-1 72	**4-2** 81

1-1 도넛이 9개씩 4묶음
→ $9 \times 4 = 36$

1-2 도넛이 9개씩 5묶음
→ $9 \times 5 = 45$

2-1 $9 + 9 + 9 = 27$ → $9 \times 3 = 27$
3번

2-2 $9+9+9+9+9+9=54$ ➡ $9\times6=54$
　　　└──── 6번 ────┘

3-1 9개씩 2묶음 ➡ $9\times2=18$

3-2 9개씩 7묶음 ➡ $9\times7=63$

4-1 $9\times8=72$

4-2 $9\times9=81$

기초 집중 연습

1-1 42　　　　　　**1-2** 18
2-1 ( )(×)　　　**2-2** (×)( )
3-1 　　　　　　　　**3-2**

4-1 ㉡　　　　　　**4-2** ㉡
연산 28　　　　　　**5-1** $7\times4=28$, 28권
5-2 $7\times9=63$, 63자루
5-3 $9\times6=54$, 54개

2-1 $7\times3=21$ 또는 $7\times4=28$

2-2 $9\times3=27$

3-1 $7\times5=35$, $7\times7=49$

3-2 $9\times4=36$, $9\times7=63$

4-1 ㉠ $7\times9=63$
　　 ㉡ $7\times8=56$

4-2 ㉠ $9\times9=81$
　　 ㉡ $9\times8=72$

5-1 (한 묶음의 공책 수)×(묶음 수)
　　 $=7\times4=28$(권)

5-2 (한 묶음의 볼펜 수)×(묶음 수)
　　 $=7\times9=63$(자루)

5-3 (한 봉지의 사탕 수)×(봉지 수)
　　 $=9\times6=54$(개)

개념 · 원리 확인

1-1 2　　　　　　**1-2** 3
2-1 (1) 0 (2) 0　　**2-2** ( )(◯)
3-1 $2, 3, 4, 5$　　**3-2** $0, 0, 0, 0$
4-1 9　　　　　　**4-2** 0

1-1 빵이 1개씩 접시 2개에 놓여 있습니다.
　　➡ $1\times2=2$

1-2 빵이 1개씩 접시 3개에 놓여 있습니다.
　　➡ $1\times3=3$

2-1 참고
　　$0\times$(어떤 수)$=0$, (어떤 수)$\times0=0$

2-2 $3\times0=0$

3-1 1과 어떤 수의 곱은 항상 어떤 수가 됩니다.

3-2 0과 어떤 수의 곱은 항상 0입니다.

4-1 $1\times9=9$

4-2 $7\times0=0$

개념 · 원리 확인

1-1 2　　　　　　　　**1-2** 4
2-1 (1) $8, 8$ (2) 같습니다에 ◯표
2-2 (1)

×	3	4	5	6
3	9	12	15	18
4	12	16	20	24
5	15	20	25	30
6	18	24	30	36

(2) 같습니다.

3-1

×	4	5	6
4	16	20	24
5	20	25	30
6	24	30	36

3-2

×	7	8	9
7	49	56	63
8	56	64	72
9	63	72	81

3-1 $4\times6=24$, $5\times4=20$, $5\times5=25$,
　　 $6\times5=30$

3-2 $7\times9=63$, $8\times7=56$, $8\times8=64$,
　　 $9\times9=81$

기초 집중 연습

1-1 6　　　　　　　**1-2** 0

2-1 3, 4　　　　　　**2-2** 0, 0

3-1 (　)(○)　　　**3-2** ㉠

4-1

×	2	3	4	5
4	8	12	16	20
5	10	15	20	25

4-2

×	4	5	6	7
6	24	30	36	42
7	28	35	42	49

연산 4　　　　　　　　**5-1** ㉡

5-2 ㉡　　　　　　　**5-3** 9 / 9, 6

2-1 1×3=3, 1×4=4

3-1 1×7=7

3-2 ㉡ 0×8=0

4-1 4×4=16, 4×5=20, 5×4=20,
5×5=25

4-2 6×6=36, 6×7=42, 7×5=35,
7×6=42, 7×7=49

5-1 ㉠ 2단 곱셈구구에서는 곱이 2씩 커집니다.

5-2 ㉠ 곱이 8씩 커지는 곱셈구구는 8단입니다.

5-3 6×9=54, 9×6=54
곱셈에서 곱하는 두 수의 순서를 바꾸어 곱해도
곱은 같습니다.

개념 · 원리 확인

1-1 1 m　1 m　1 m

1-2 2 m　2 m　2 m

2-1 (1) 1　(2) 2　　**2-2** (1) 100　(2) 600

3-1 1, 10 / 미터, 센티미터

3-2 1, 40 / 미터, 센티미터

4-1 1, 1, 90　　　　**4-2** 200, 210

개념 · 원리 확인

1-1 ×　　　　　　　**1-2** ○

2-1 102　　　　　　**2-2** 201

3-1 (○)(　)　　　**3-2** (　)(○)

4-1 150, 1, 50　　　**4-2** 120, 1, 20

1-1 서랍장의 한끝을 줄자의 눈금 0에 맞추어야 하는
데 3부터 시작했으므로 서랍장의 길이는 110 cm
가 아닙니다.

1-2 게시판 한끝을 줄자의 눈금 0에 맞췄으므로 게시
판의 길이는 140 cm입니다.

3-1 운동화의 길이는 1 m보다 짧습니다.

3-2 교실 문의 높이는 1 m보다 깁니다.

4-1 150 cm=1 m 50 cm

4-2 120 cm=1 m 20 cm

기초 집중 연습

1-1 1, 80 / 1 미터 80 센티미터

1-2 2, 15 / 2 미터 15 센티미터

2-1 135　　　　　　**2-2** 2, 95

3-1 (1) cm　(2) m　　**3-2** (1) cm　(2) m

4-1

4-2

기초 2, 40　　　　　**5-1** 2 m 40 cm

5-2 3 m 60 cm　　　**5-3** 315 cm

5-4 455 cm

1-1 1 m보다 80 cm 더 긴 길이
→ 1 m 80 cm
→ 1 미터 80센티미터

2-1 1 m 35 cm=1 m+35 cm
　　　　　　=100 cm+35 cm
　　　　　　=135 cm

2-2 295 cm=200 cm+95 cm
　　　　=2 m+95 cm
　　　　=2 m 95 cm

4-1 263 cm=200 cm+63 cm
　　　　　=2 m+63 cm
　　　　　=2 m 63 cm
　　206 cm=200 cm+6 cm
　　　　　=2 m+6 cm
　　　　　=2 m 6 cm

4-2 4 m 17 cm=4 m+17 cm
　　　　　　=400 cm+17 cm
　　　　　　=417 cm
　　4 m 70 cm=4 m+70 cm
　　　　　　=400 cm+70 cm
　　　　　　=470 cm

5-1 240 cm=200 cm+40 cm
　　　　　=2 m+40 cm
　　　　　=2 m 40 cm

5-2 360 cm=300 cm+60 cm
　　　　　=3 m+60 cm
　　　　　=3 m 60 cm

5-3 3 m 15 cm=3 m+15 cm
　　　　　　=300 cm+15 cm
　　　　　　=315 cm

5-4 4 m보다 55 cm 더 긴 길이 ➡ 4 m 55 cm
　　4 m 55 cm=4 m+55 cm
　　　　　　=400 cm+55 cm
　　　　　　=455 cm

75쪽	개념 · 원리 확인

1-1 3, 50　　　　　**1-2** 2, 90
2-1 6, 30　　　　　**2-2** 3, 65
3-1 5 m 35 cm　　**3-2** 6 m 75 cm
4-1 3 m 65 cm　　**4-2** 5 m 38 cm

4-1
```
      1 m 25 cm
  +  2 m 40 cm
      3 m 65 cm
```

4-2
```
      3 m 12 cm
  +  2 m 26 cm
      5 m 38 cm
```

77쪽	개념 · 원리 확인

1-1 1 / 4, 20　　　**1-2** 1 / 5, 35
2-1 9 m 10 cm　　**2-2** 3 m 10 cm
3-1 6 m 23 cm　　**3-2** 5 m 58 cm
4-1 3 m 39 cm　　**4-2** 6 m 45 cm

3-1
```
        1
      4 m 68 cm
  +  1 m 55 cm
      6 m 23 cm
```

3-2
```
        1
      2 m 75 cm
  +  2 m 83 cm
      5 m 58 cm
```

4-1
```
        1
      1 m 83 cm
  +  1 m 56 cm
      3 m 39 cm
```

4-2
```
        1
      2 m 60 cm
  +  3 m 85 cm
      6 m 45 cm
```

78~79쪽	기초 집중 연습

1-1 3 m 90 cm　　**1-2** 3 m 40 cm
2-1 3, 50　　　　**2-2** 7, 55

3-1
```
      3 m 16 cm
  +  1 m  5 cm
      4 m 21 cm
```

3-2
```
        1
      1 m 85 cm
  +  1 m 30 cm
      3 m 15 cm
```

4-1 2 m 52 cm　　**4-2** 7 m 45 cm
연산 3, 85

5-1 2 m 40 cm+1 m 45 cm=3 m 85 cm,
　　3 m 85 cm

5-2 2 m 15 cm+2 m 80 cm=4 m 95 cm,
　　4 m 95 cm

5-3 3 m 52 cm+1 m 75 cm=5 m 27 cm,
　　5 m 27 cm

2-1
```
      1 m 20 cm
  +  2 m 30 cm
      3 m 50 cm
```

2-2
```
        1
      3 m 65 cm
  +  3 m 90 cm
      7 m 55 cm
```

4-1
```
      1 m 40 cm
  +  1 m 12 cm
      2 m 52 cm
```

4-2
```
        1
      2 m 95 cm
  +  4 m 50 cm
      7 m 45 cm
```

5-1 (소나무의 높이)
= (사과나무의 높이)+1 m 45 cm
= 2 m 40 cm+1 m 45 cm
= 3 m 85 cm

5-2 (아빠 기린의 키)
= (아기 기린의 키)+2 m 80 cm
= 2 m 15 cm+2 m 80 cm
= 4 m 95 cm

5-3 (파란색 테이프의 길이)
= (빨간색 테이프의 길이)+1 m 75 cm
= 3 m 52 cm+1 m 75 cm
= 5 m 27 cm

7 9×4=36, 9×5=45, 9×6=54,
9×8=72
➜ 9단 곱셈구구는 곱하는 수가 1씩 커지면 그
곱은 9씩 커집니다.

8 320 cm=300 cm+20 cm
= 3 m+20 cm
= 3 m 20 cm

9 (한 상자에 들어 있는 사과 수)×(상자 수)
= 8×5=40(개)

10
```
    2 m 30 cm
 +  3 m 60 cm
    5 m 90 cm
```

80~81쪽	누구나 **100점 맞는** 테스트

1 (○)(　　) 　　**2** 12
3 21, 35
4 ⑴ 3 m 64 cm ⑵ 6 m 10 cm
5 (선 교차 그림) 　　　**6** 0
7 36, 45, 54, 72 / 9
8 3 m 20 cm
9 40개 　　　　**10** 5 m 90 cm

1 숫자 1은 크게 쓰고 m는 작게 씁니다.

2 풍선이 4개씩 3묶음
➜ 4×3=12

3 7씩 3번 뛰어 세면 7×3=21, 7씩 5번 뛰어
세면 7×5=35입니다.

4 cm는 cm끼리, m는 m끼리 계산합니다.
cm끼리의 합이 100이거나 100보다 크면
100 cm를 1 m로 받아올림하여 계산합니다.

5 4×9=36, 8×3=24

6 0×4=0

82~87쪽 특강	창의·융합·코딩

창의1

8	4	10		학	꽃	서
16	18	20		교	원	집
36	48	81		점	앞	옆

, 학교 앞

창의2

창의3 (　)(○)(○)
융합4 7 m 32 cm, 2 m 44 cm
융합5 10 m 75 cm
창의6 0
창의7 6
코딩8 32
코딩9 28 cm, 45 cm
코딩10 　1 m　　　　　　, 10 m
(격자 그림: 출발, 1 m)

창의11 28

창의1 8×1=8(학), 8×2=16(교), 8×6=48(앞)
➜ 선생님과 4시에 만날 장소는 학교 앞입니다.

정답 및 풀이 • **13**

창의2
- 진우가 가지고 온 리본은 1 m 50 cm가 아니라고 했으므로 2 m 30 cm, 4 m인 리본 중에 하나입니다.
- 선미가 가지고 온 리본은 400 cm로 나타낼 수 있으므로 400 cm=4 m인 리본을 가지고 왔습니다.
- 선미는 4 m인 리본을, 진우는 2 m 30 cm인 리본을 가지고 온 것이므로 준혁이는 1 m 50 cm인 리본을 가지고 왔습니다.

창의3 $7 \times 5 = 35$, $9 \times 4 = 36$, $6 \times 6 = 36$

융합4 긴 쪽: 732 cm=700 cm+32 cm
$$= 7 m + 32 cm$$
$$= 7 m\ 32 cm$$
짧은 쪽: 244 cm=200 cm+44 cm
$$= 2 m + 44 cm$$
$$= 2 m\ 44 cm$$

융합5
$$\begin{array}{r} 1\ m\ 32\ cm \\ +\ 9\ m\ 43\ cm \\ \hline 10\ m\ 75\ cm \end{array}$$

코딩8 4는 5보다 작으므로 $4 \times 8 = 32$입니다.

코딩9 ㉠ 로봇: $4 \times 7 = 28$ (cm)
㉡ 로봇: $9 \times 5 = 45$ (cm)

코딩10 오른쪽으로 3 m, 위쪽으로 5 m, 왼쪽으로 2 m 이동했으므로 움직인 거리는
$3 m + 5 m + 2 m = 10 m$입니다.

창의11 $8 \times 4 = 32$이므로 26보다 크고 32보다 작은 수는 27, 28, 29, 30, 31입니다.
이 중에서 7단 곱셈구구의 값은 $7 \times 4 = 28$입니다.

✳ 개념 ◯✕ 퀴즈 정답

퀴즈 1 ◎ ✕

퀴즈 2 ◯ ⊗

3주 • 길이 재기 / 시각과 시간

✳ 개념 ◯✕ 퀴즈

옳으면 ◯에, 틀리면 ✕에 ◯표 하세요.

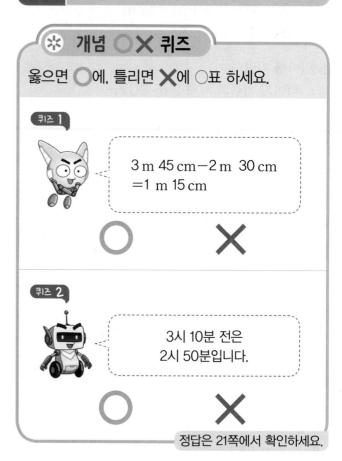

퀴즈 1

3 m 45 cm−2 m 30 cm
=1 m 15 cm

◯ ✕

퀴즈 2

3시 10분 전은
2시 50분입니다.

◯ ✕

정답은 21쪽에서 확인하세요.

90~91쪽	3주에는 무엇을 공부할까? ②

1-1 6 cm **1-2** 5 cm

2-1 (1) 6 (2) 6 **2-2** (1) 3 (2) 3

3-1 (1) 5 (2) 4, 30

3-2 (1) 8시 (2) 10시 30분

4-1 ✕ **4-2** ✕

1-1 사탕의 한끝을 자의 눈금 0에 맞추고 다른 끝이 가리키는 눈금을 읽으면 6이므로 사탕의 길이는 6 cm입니다.

1-2 건전지의 한끝을 자의 눈금 0에 맞추고 다른 끝이 가리키는 눈금을 읽으면 5이므로 건전지의 길이는 5 cm입니다.

3-1 (1) 짧은바늘이 5, 긴바늘이 12를 가리키므로 5시입니다.
(2) 짧은바늘이 4와 5 사이에 있고 긴바늘이 6을 가리키므로 4시 30분입니다.

3-2 (1) 짧은바늘이 8, 긴바늘이 12를 가리키므로 8시입니다.
(2) 짧은바늘이 10과 11 사이에 있고 긴바늘이 6을 가리키므로 10시 30분입니다.

93쪽	개념 · 원리 확인

1-1 1, 30   **1-2** 1, 40
2-1 1, 10, 6, 80   **2-2** 2, 12, 4, 23
3-1 (1) 3 m 40 cm   (2) 2 m 42 cm
3-2 (1) 5 m 71 cm   (2) 3 m 22 cm
4-1 2 m 13 cm   **4-2** 2 m 42 cm

3-1 (2)
```
    5 m 72 cm
  − 3 m 30 cm
  ───────────
    2 m 42 cm
```
3-2 (2)
```
    7 m 38 cm
  − 4 m 16 cm
  ───────────
    3 m 22 cm
```

4-1
```
    3 m 45 cm
  − 1 m 32 cm
  ───────────
    2 m 13 cm
```
4-2
```
    4 m 85 cm
  − 2 m 43 cm
  ───────────
    2 m 42 cm
```

95쪽	개념 · 원리 확인

1-1 (위에서부터) 8, 100 / 3, 90
1-2 (위에서부터) 6, 100 / 4, 83
2-1 (1) 3 m 55 cm   (2) 1 m 85 cm
2-2 (1) 3 m 80 cm   (2) 2 m 89 cm
3-1 2, 60   **3-2** 1, 76
4-1 5, 91   **4-2** 2, 85

2-1 (2)
```
      3   100
      4 m 23 cm
  −   2 m 38 cm
  ─────────────
      1 m 85 cm
```
2-2 (2)
```
      5   100
      6 m 58 cm
  −   3 m 69 cm
  ─────────────
      2 m 89 cm
```

3-1
```
      3   100
      4 m 29 cm
  −   1 m 69 cm
  ─────────────
      2 m 60 cm
```
3-2
```
      2   100
      3 m 57 cm
  −   1 m 81 cm
  ─────────────
      1 m 76 cm
```

4-1
```
      8   100
      9 m 52 cm
  −   3 m 61 cm
  ─────────────
      5 m 91 cm
```
4-2
```
      5   100
      6 m 78 cm
  −   3 m 93 cm
  ─────────────
      2 m 85 cm
```

96~97쪽	기초 집중 연습

1-1 1, 10   **1-2** 1, 90
2-1 3 m 44 cm   **2-2** 3 m 68 cm
3-1 2 m 53 cm   **3-2** 1 m 90 cm
4-1 ( )
    (○)
4-2 ㉡

연산 1, 46

5-1 3 m 59 cm − 2 m 13 cm
   = 1 m 46 cm, 1 m 46 cm
5-2 8 m 20 cm − 6 m 90 cm
   = 1 m 30 cm, 1 m 30 cm
5-3 2 m 60 cm

2-1 420 cm = 4 m 20 cm
```
      7 m 64 cm
  −   4 m 20 cm
  ─────────────
      3 m 44 cm
```

2-2 539 cm = 5 m 39 cm
```
      4   100
      5 m 39 cm
  −   1 m 71 cm
  ─────────────
      3 m 68 cm
```

3-1 (사용한 색 테이프의 길이)
   = (처음 길이) − (남은 길이)
   = 3 m 53 cm − 1 m = 2 m 53 cm

3-2 (남은 리본의 길이)
   = (처음 리본의 길이) − (사용한 리본의 길이)
   = 3 m 50 cm − 1 m 60 cm
   = 1 m 90 cm

4-1 9 m 95 cm−4 m 14 cm=5 m 81 cm

 7 m 58 cm−1 m 65 cm=5 m 93 cm

4-2 ㉠ 8 m 59 cm−3 m 49 cm=5 m 10 cm

 ㉡ 6 m 43 cm−1 m 62 cm=4 m 81 cm

5-2 (늘어난 고무줄 길이)

 =(멀리뛰기를 한 후의 고무줄 길이)

  −(처음 고무줄 길이)

 =8 m 20 cm−6 m 90 cm=1 m 30 cm

5-3 <u>6 m 80 cm</u>>5 m><u>4 m 20 cm</u>

  가장 긴 변 가장 짧은 변

 ➡ 6 m 80 cm−4 m 20 cm=2 m 60 cm

99쪽	개념 · 원리 확인
1-1 8	**1-2** 6
2-1 ( )(△)	**2-2** (○)( )
3-1 3	**3-2** 2
4-1 ( )(○)	**4-2** (△)( )

1-1 뼘으로 8번이므로 1 m는 약 8뼘입니다.

1-2 걸음으로 6번이므로 2 m는 약 6걸음입니다.

3-1 양팔을 벌린 길이로 3번이므로 약 3 m입니다.

3-2 양팔을 벌린 길이로 2번이므로 약 2 m입니다.

101쪽	개념 · 원리 확인
1-1 5	**1-2** 11
2-1 3, 3	**2-2** 2, 2
3-1 (세로 연결)	**3-2** (교차 연결)

1-1 1 m로 5번이므로 화단의 길이는 약 5 m입니다.

1-2 1 m로 11번이므로 철사의 길이는 약 11 m입니다.

3-1 야구 방망이의 길이는 1 m, 3층 건물의 높이는 1 m의 10배인 10 m로 어림할 수 있습니다.

3-2 코끼리의 키는 1 m의 3배인 3 m, 수영 경기장의 긴 쪽의 길이는 1 m의 25배인 25 m로 어림할 수 있습니다.

102~103쪽	기초 집중 연습
1-1 5	**1-2** 10
2-1 1, 2	**2-2** 1 m
3-1 ㉡	**3-2** ㉢
기본 ㉡	**4-1** ㉡
4-2 ㉠	**4-3** 5

1-2 2 m로 5번이므로 약 10 m입니다.

2-1 두 걸음의 길이는 약 1 m이고, 매트 긴 쪽의 길이는 약 4걸음이므로 약 2 m입니다.

2-2 55 cm의 약 2배는 약 110 cm이므로 100 cm(=1 m)보다 조금 더 깁니다.
 따라서 방문 짧은 쪽의 길이는 약 1 m입니다.

3-1 ㉠ 색연필의 길이와 ㉢ 운동화의 길이는 1 m보다 짧습니다.

3-2 ㉢ 운동장 짧은 쪽의 길이는 5 m보다 깁니다.

기본 뼘의 길이보다 걸음의 길이가 더 길므로 소파의 길이를 잴 때 ㉡ 걸음으로 재는 횟수가 더 적습니다.

4-1 뼘의 길이보다 양팔을 벌린 길이가 더 길므로 걸음으로 재었을 때보다 재는 횟수가 더 적습니다.

4-2 양팔을 벌린 길이보다 발길이가 더 짧으므로 걸음으로 재었을 때보다 재는 횟수가 더 많습니다.

4-3 몸의 일부의 길이가 더 긴 것은 ㉠ 양팔을 벌린 길이이므로 교실 긴 쪽의 길이는 ㉠의 길이로 4번입니다.
 ➡ 125 cm+125 cm+125 cm+125 cm =500 cm=5 m이므로 교실 긴 쪽의 길이는 약 5 m입니다.

105쪽 · **개념 · 원리 확인**

1-1 (시계 방향으로) 15, 30, 45
1-2 10, 25, 40, 55
2-1 7 / 10 / 6, 50
2-2 4, 5 / 7 / 4, 35
3-1 1, 10
3-2 7, 15
4-1
4-2

3-1 짧은바늘은 1과 2 사이를 가리키고 긴바늘은 2를 가리키므로 나타내는 시각은 1시 10분입니다.

3-2 짧은바늘은 7과 8 사이를 가리키고 긴바늘은 3을 가리키므로 나타내는 시각은 7시 15분입니다.

4-1 긴바늘이 8을 가리키도록 그립니다.

4-2 긴바늘이 1을 가리키도록 그립니다.

107쪽 · **개념 · 원리 확인**

1-1 2, 22
1-2 3, 4, 44
2-1 5, 33
2-2 1, 16
3-1
3-2

2-1 짧은바늘은 5와 6 사이를 가리키고 긴바늘은 6에서 작은 눈금 3칸 더 간 곳을 가리키므로 5시 33분입니다.

2-2 짧은바늘은 1과 2 사이를 가리키고 긴바늘은 3에서 작은 눈금 1칸 더 간 곳을 가리키므로 1시 16분입니다.

3-1 긴바늘이 9에서 작은 눈금 1칸 더 간 곳을 가리키도록 그립니다.

3-2 긴바늘이 5에서 작은 눈금 2칸 더 간 곳을 가리키도록 그립니다.

108~109쪽 · **기초 집중 연습**

1-1 2시 25분
1-2 8시 58분
2-1 •⟋⟍•
2-2 •⟋⟍•
3-1 태형
3-2 혜리
[기초] 7
4-1
4-2
4-3 , 4시 17분

1-1 짧은바늘은 2와 3 사이를 가리키고 긴바늘은 5를 가리키므로 2시 25분입니다.

1-2 짧은바늘은 8과 9 사이를 가리키고 긴바늘은 11에서 작은 눈금 3칸 더 간 곳을 가리키므로 8시 58분입니다.

2-1 • 왼쪽: 짧은바늘은 12와 1 사이를 가리키고 긴바늘은 4를 가리키므로 12시 20분입니다.
• 오른쪽: 짧은바늘은 3과 4 사이를 가리키고 긴바늘은 9를 가리키므로 3시 45분입니다.

2-2 • 6시 52분: 짧은바늘은 6과 7 사이를 가리키고 긴바늘은 10에서 작은 눈금 2칸 더 간 곳을 가리킵니다.
• 5시 43분: 짧은바늘은 5와 6 사이를 가리키고 긴바늘은 8에서 작은 눈금 3칸 더 간 곳을 가리킵니다.

3-1 11시 13분: 짧은바늘은 11과 12 사이를 가리키고 긴바늘은 2에서 작은 눈금 3칸 더 간 곳을 가리키도록 나타냅니다.
➡ 태형: 11시 10분, 희재: 11시 13분

3-2 주어진 시각은 6시 28분이므로 짧은바늘은 6과 7 사이를 가리키고 긴바늘은 5에서 작은 눈금 3칸 더 간 곳을 가리키도록 나타낸 사람은 혜리입니다.

4-1 35분은 긴바늘이 7을 가리키도록 그립니다.

4-2 57분은 긴바늘이 11에서 작은 눈금 2칸 더 간 곳을 가리키도록 그립니다.

4-3 짧은바늘이 4와 5 사이를 가리키면 4시 ●분이고, 긴바늘이 3에서 작은 눈금 2칸 더 간 곳을 가리키면 4시 17분입니다.

111쪽	개념·원리 확인

1-1 10, 10 **1-2** (1) 55 (2) 5 (3) 5
2-1 45 / 15 **2-2** 11, 55 / 12, 5
3-1 (1) 5 (2) 9 **3-2** (1) 2 (2) 10
4-1 **4-2**

1-1 3시 50분을 4시 10분 전이라고도 합니다.

2-1 12시 45분은 1시가 되려면 15분이 더 지나야 하므로 1시 15분 전입니다.

2-2 11시 55분은 12시가 되려면 5분이 더 지나야 하므로 12시 5분 전입니다.

4-1 2시 15분 전은 1시 45분이므로 긴바늘이 9를 가리키도록 그립니다.

4-2 9시 5분 전은 8시 55분이므로 긴바늘이 11을 가리키도록 그립니다.

113쪽	개념·원리 확인

1-1 9, 10 / 1 **1-2** 2, 3 / 1
2-1 (1) 60, 90 (2) 15, 15, 135
2-2 (1) 10, 10, 10 (2) 60, 2, 2, 35
3-1 7시 10분 20분 30분 40분 50분 8시 / 40
3-2 10시 30분 10시 30분 12시 / 50

3-1 7시 20분부터 8시까지는 4칸이므로 청소를 하는 데 40분이 걸렸습니다.

3-2 10시 20분부터 11시 10분까지는 5칸이므로 축구를 하는 데 50분이 걸렸습니다.

114~115쪽	기초 집중 연습

1-1 55 / 4, 5 **1-2** 50 / 7, 10
2-1 115 **2-2** 3, 30
3-1 (○) ( ) **3-2** ( ) (○)
4-1 ㉡ **4-2** 민호
기초 (1) 2, 20 (2) 135
5-1 우석 **5-2** 영탁
5-3 윤기

1-1 3시 55분은 4시가 되려면 5분이 더 지나야 하므로 4시 5분 전입니다.

1-2 6시 50분은 7시가 되려면 10분이 더 지나야 하므로 7시 10분 전입니다.

2-1 1시간 55분=1시간+55분
　　　　＝60분+55분=115분

2-2 210분=60분+60분+60분+30분
　　　　＝1시간+1시간+1시간+30분
　　　　＝3시간 30분

3-1 5시 10분 전은 4시 50분입니다.

> **참고**
> 오른쪽 시계가 나타내는 시각: 5시 10분

3-2 8시 5분 전은 7시 55분입니다.

> **참고**
> 왼쪽 시계가 나타내는 시각: 8시 5분

4-1 ㉠ 110분=60분+50분=1시간+50분
　　　＝1시간 50분
　　 ㉡ 90분=60분+30분=1시간+30분
　　　＝1시간 30분

4-2 민호: 1시간 25분=1시간+25분
　　　　　＝60분+25분=85분

태연: 105분=60분+45분=1시간+45분
　　　　　　　　=1시간 45분

기초 (1) 140분=60분+60분+20분
　　　　　　=1시간+1시간+20분
　　　　　　=2시간 20분
(2) 2시간 15분=1시간+1시간+15분
　　　　　　　=60분+60분+15분
　　　　　　　=135분

5-1 140분=2시간 20분
2시간 20분>2시간 15분이므로 더 짧은 시간을 말한 사람은 우석입니다.

5-2 3시간 10분=1시간+1시간+1시간+10분
　　　　　　　=60분+60분+60분+10분
　　　　　　　=190분
190분<195분이므로 더 긴 시간을 말한 사람은 영탁입니다.

5-3 지수:

11시	10분	20분	30분	40분	50분	12시

➡ 30분 동안 청소를 했습니다.
윤기: 40분 동안 청소를 했습니다.
따라서 30분<40분이므로 청소를 하는 데 더 오래 걸린 사람은 윤기입니다.

117쪽 　　　　　　**개념·원리 확인**

1-1 (1) 24, 48 (2) 24, 31
1-2 (1) 11, 1, 11 (2) 24, 1, 2, 8
2-1 (1) 오전 (2) 오후 　**2-2** (1) 오전 (2) 오후
3-1 학원, 독서에 ○표 　**3-2** 운동

3-1 공부는 오전에, 학원과 독서는 오후에 합니다.

3-2 운동은 오전에, 봉사와 피아노는 오후에 합니다.

119쪽 　　　　　　**개념·원리 확인**

1-1 (1) 14 (2) 20 　　　**1-2** (1) 4 (2) 1, 3
2-1 (1) 7 (2) 5, 12, 19, 26
2-2 (1) 토요일 (2) 3일, 10일, 17일, 24일
3-1 7월 　　　　　**3-2** (○)( )

1-1 (1) 2주일=7일+7일=14일
(2) 1년 8개월=1년+8개월=12개월+8개월
　　　　　　　=20개월

1-2 (1) 28일=7일+7일+7일+7일=4주일
(2) 15개월=12개월+3개월=1년+3개월
　　　　　　=1년 3개월

3-1 3월은 31일까지 있고 2월은 28일(29일), 9월은 30일까지 있습니다.

3-2 1월, 3월, 5월, 7월, 8월, 10월, 12월: 31일
4월, 6월, 9월, 11월: 30일
2월: 28일(29일)

120~121쪽 　　　　**기초 집중 연습**

1-1 (1) 96 (2) 36 　　**1-2** (1) 50 (2) 17
2-1

6월

일	월	화	수	목	금	토
1	2	3	4	5	6	7
8	9	10	11	12	13	14
15	16	17	18	19	20	21
22	23	24	25	26	27	28
29	30					

2-2

8월

일	월	화	수	목	금	토
					1	2	3
4	5	6	7	8	9	10
11	12	13	14	15	16	17
18	19	20	21	22	23	24
25	26	27	28	29	30	31

3-1 7시간 　　　　　**3-2** 11시간
기초 수, 수 　　　　　**4-1** 월요일
4-2 화요일 　　　　　**4-3** 12일, 목요일

1-1 (1) 4일=1일+1일+1일+1일
　　　　=24시간+24시간+24시간+24시간
　　　　=96시간
(2) 3년=1년+1년+1년
　　　=12개월+12개월+12개월=36개월

정답 및 풀이 • **19**

1-2 (1) 2일 2시간＝1일＋1일＋2시간
＝24시간＋24시간＋2시간
＝50시간

(2) 1년 5개월＝1년＋5개월
＝12개월＋5개월＝17개월

2-1 6월은 30일까지 있습니다.

2-2 8월은 31일까지 있습니다.

3-1 1칸은 1시간이고 오전 8시부터 오후 3시까지는 7칸이므로 7시간입니다.

3-2 1칸은 1시간이고 오전 6시부터 오후 5시까지는 11칸이므로 11시간입니다.

4-1 9일은 월요일이고 9일에서 1주일 후는 16일입니다. 16일은 9일과 같은 월요일입니다.

4-2 17일은 화요일이고 1주일마다 같은 요일이 반복되므로 17일에서 2주일 후는 31일입니다.
31일은 17일과 같은 화요일입니다.

4-3 정우의 생일은 5일이고 1주일 후는 12일입니다. 1주일마다 같은 요일이 반복되므로 12일은 5일과 같은 목요일입니다.

122~123쪽	누구나 100점 맞는 테스트

1 6, 3   **2** 오후에 ○표
3 1 m 83 cm
4 (1) 45, 60, 105   (2) 24, 24, 51
5

6 3월, 8월, 10월에 ○표
7 ⓒ   **8** 1 m 20 cm
9 17일   **10** ⓒ

1 짧은바늘은 6과 7 사이를 가리키고 긴바늘은 12에서 작은 눈금 3칸 더 간 곳을 가리키므로 6시 3분입니다.

5 13분은 긴바늘이 2에서 작은 눈금 3칸 더 간 곳을 가리키도록 그립니다.

---

6 4월, 11월은 30일까지 있습니다.

8 3 m 80 cm－2 m 60 cm＝1 m 20 cm

9 1주일은 7일이므로 10일에서 7일 후는 17일입니다.

10 8시 55분에서 9시가 되려면 5분이 더 지나야 합니다.
→ 8시 55분＝9시 5분 전
      ⓐ   ⓑ

124~129쪽 특강	창의 · 융합 · 코딩

창의1 윤기, 석진, 태형 /
10 cm, 5 cm, 10 cm / 석진

창의2 2시간   **융합3** 80 cm

융합4 1 m 18 cm

코딩5 오후에 ○표,   / 오후에 ○표, 8

코딩6 1 m 15 cm   **융합7** 월요일

코딩8 ③, 4시 5분   **융합9** 오전 5시 10분

창의10 오후 3시 14분

창의1 2 m 90 cm＜3 m 5 cm＜3 m 10 cm
윤기가 만든 길이는 가장 짧은 2 m 90 cm이고 나머지 두 길이 중 더 긴 길이가 태형이가 만든 3 m 10 cm입니다.

이름	윤기	석진	태형
만든 길이	2 m 90 cm	3 m 5 cm	3 m 10 cm
3 m와의 차	10 cm	5 cm	10 cm

→ 3 m에 가장 가까운 길이를 만든 사람은 석진입니다.

창의2 용산역에서 9시 30분에 출발하여 익산역에서 11시 30분에 내려야 합니다.
용산역에서 익산역까지:

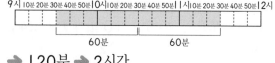

→ 120분 → 2시간

용합3 1 m 10 cm−30 cm=80 cm

용합4 3 m 54 cm−2 m 36 cm=1 m 18 cm

코딩5 긴바늘이 2바퀴 돌면 2시간이 지난 것이므로
2시간 후는 오후 8시입니다.

코딩6 앞으로 65 cm씩 3번 움직이므로
65 cm+65 cm+65 cm=195 cm
=1 m 95 cm이고 뒤로 80 cm 움직이므로
1 m 95 cm−80 cm=1 m 15 cm입니다.
로봇은 처음 출발 위치에서 1 m 15 cm 앞에
있습니다.

용합7 광복절은 8월 15일이고 같은 요일이 7일마다
반복됩니다.
15−7−7=1이므로 광복절은 1일과 같은
요일인 월요일입니다.

코딩8

로봇의 명령은 총 4개이고
5분씩 4번이므로 20분이
걸린 것을 알 수 있습니다.
3시 45분에 명령을 시작하
였으므로 로봇은 20분 후인

4시 5분에 ③번에 도착합니다.

용합9 베이징의 시각이 서울의 시각보다 1시간 느리
므로 반대로 서울의 시각은 베이징의 시각보다
1시간 빠릅니다.
따라서 베이징의 시각이 오전 4시 10분일 때
서울의 시각은 1시간 빠른 시각인 오전 5시
10분입니다.

창의10 1쿼터가 끝나는 시각: 오후 2시 50분
2쿼터가 시작하는 시각: 오후 2시 52분
2쿼터가 끝나는 시각: 오후 3시 2분
3쿼터가 시작하는 시각: 오후 3시 14분

※ 개념 ○✕ 퀴즈 정답

| 퀴즈 1 | ◎ ✕ |
| 퀴즈 2 | ◎ ✕ |

4주· 표와 그래프 / 규칙 찾기

※ 개념 ○✕ 퀴즈

옳으면 ○에, 틀리면 ✕에 ○표 하세요.

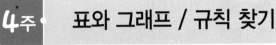

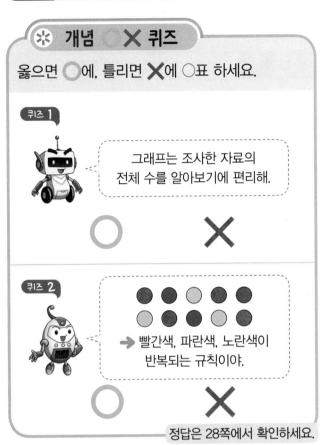

퀴즈1

그래프는 조사한 자료의
전체 수를 알아보기에 편리해.

○   ✕

퀴즈2

→ 빨간색, 파란색, 노란색이
반복되는 규칙이야.

○   ✕

정답은 28쪽에서 확인하세요.

정답
풀이

132~133쪽 **4주에는 무엇을 공부할까?②**

1-1 ①, ③, ④, ⑤, ⑥ / ②, ⑦
1-2 ①, ④, ⑤, ⑦ / ②, ③, ⑥
2-1 농구공, 야구공   **2-2** 배구공
3-1 토끼   **3-2** 자전거

4-1
4-2

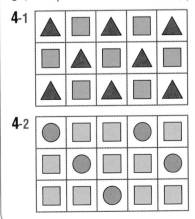

4-1 ▲－■가 반복됩니다.

4-2 ●－■－■가 반복됩니다.

2-1 봄, 여름, 가을, 겨울 ➡ 4가지

2-2 의사, 연예인, 선생님, 운동선수 ➡ 4가지

135쪽 **개념·원리 확인**

1-1 보라, 수민　　　**1-2** 가연, 석준

2-1

좋아하는 운동별 학생 수

운동	축구	야구	농구	합계
학생 수(명)	5	3	4	12

2-2

가 보고 싶은 나라별 학생 수

나라	미국	독일	호주	합계
학생 수(명)	4	3	5	12

2-1 좋아하는 운동별 학생 수를 세어 봅니다.

2-2 가 보고 싶은 나라별 학생 수를 세어 봅니다.

137쪽 **개념·원리 확인**

1-1 (○)　　　**1-2** ( )
　　( )　　　　　(○)

2-1 4가지　　　**2-2** 4가지

3-1

태어난 계절별 학생 수

계절	봄	여름	가을	겨울	합계
학생 수 (명)	2	5	4	5	16

3-2

장래 희망별 학생 수

장래 희망	의사	연예인	선생님	운동 선수	합계
학생 수 (명)	3	5	5	3	16

1-1 태어난 계절은 4가지 경우만 있기 때문에 각 경우에 대한 것을 손을 들어 조사하기가 더 적절합니다.

1-2 장래 희망은 종류가 정해져 있지 않으므로 종이에 적어 모으는 방법이 더 적절합니다.

138~139쪽 **기초 집중 연습**

1-1

좋아하는 색깔별 학생 수

색깔	빨강	노랑	파랑	합계
학생 수(명)	2	4	2	8

1-2

신발 색깔별 학생 수

색깔	흰색	검은색	파란색	합계
학생 수(명)	2	5	1	8

2-1 ○　　　　**2-2** 혈액형에 ○표

3-1

존경하는 위인별 학생 수

위인	이순신	세종대왕	안중근	합계
학생 수(명)	3	4	1	8

3-2

혈액형별 학생 수

혈액형	A형	B형	AB형	O형	합계
학생 수(명)	4	5	1	3	13

기초

사용한 모양 수

모양	삼각형	사각형	합계
모양 수(개)	4	2	6

4-1

사용한 조각 수

조각	■	◣	◢	합계
조각 수(개)	3	4	4	11

4-2

음표 수

음표	♩	♩	♪	합계
음표 수(개)	4	6	4	14

4-3

종류별 책 수

종류	전래동화	위인전	과학만화	합계
책 수(권)	5	6	3	14

2-2 혈액형은 4가지 경우만 있기 때문에 각 경우에 대한 것을 손을 들어 조사하기가 더 적절합니다.

141쪽 개념·원리 확인

1-1 취미별 학생 수

학생 수(명) \ 취미	운동	게임	독서
5		○	
4		○	
3	○	○	
2	○	○	○
1	○	○	○

1-2 요일별 읽은 책의 수

책 수(권) \ 요일	월	화	수	목	금
5				○	
4			○		
3	○		○		
2	○	○	○	○	
1	○	○	○	○	○

2-1 취미별 학생 수

취미 \ 학생 수(명)	1	2	3	4	5
독서	/	/	/	/	/
게임	/	/	/	/	
운동	/	/	/		

2-2 요일별 읽은 책의 수

요일 \ 책 수(권)	1	2	3	4	5
금	×				
목	×	×	×	×	×
수	×	×	×		
화	×	×			
월	×	×	×		

1-1 취미별 학생 수만큼 아래에서부터 한 칸에 하나씩 ○를 그려서 그래프를 완성합니다.

1-2 요일별 읽은 책의 수만큼 아래에서부터 한 칸에 하나씩 ○를 그려서 그래프를 완성합니다.

143쪽 개념·원리 확인

1-1 (1) 8명 (2) 21명   **1-2** (1) 4번 (2) 9번
2-1 과일   **2-2** 빨강
3-1 표   **3-2** 그래프

1-1 (1) 표에서 고양이를 좋아하는 학생 수를 찾으면 8명입니다.
(2) 표에서 합계를 보면 조사한 학생 수를 한눈에 알 수 있습니다.

2-1 그래프에서 ○가 가장 많은 것을 찾으면 과일입니다.

2-2 그래프에서 ○가 가장 적은 것을 찾으면 빨강입니다.

144~145쪽 기초 집중 연습

1-1 체육 활동별 학생 수

학생 수(명) \ 체육 활동	뜀틀	피구	축구
5		○	○
4		○	○
3	○	○	○
2	○	○	○
1	○	○	○

1-2 체육 활동별 학생 수

체육 활동 \ 학생 수(명)	1	2	3	4	5
축구	/	/	/	/	/
피구	/	/	/	/	
뜀틀	/	/	/		

2-1 체육 활동   **2-2** 학생 수
3-1 축구   **3-2** 2명
기초 (1) 바이킹 (2) 바이킹
4-1 (1) 공책 (2) 자   **4-2** 수학, 국어

1-1 체육 활동별 학생 수만큼 아래에서부터 한 칸에 하나씩 ○를 그려서 그래프로 나타냅니다.

1-2 체육 활동별 학생 수만큼 왼쪽에서부터 한 칸에 하나씩 /을 그려서 그래프로 나타냅니다.

2-1 그래프의 가로에는 체육 활동, 세로에는 학생 수를 나타내었습니다.

2-2 그래프의 가로에는 학생 수, 세로에는 체육 활동
을 나타내었습니다.

3-1 피구에 참여하고 있는 학생은 5명이므로 5명이
참여하고 있는 체육 활동을 찾으면 축구입니다.

3-2 축구: 5명, 뜀틀: 3명

➡ 축구에 참여하고 있는 학생은 뜀틀에 참여하
고 있는 학생보다 5−3=2(명) 더 많습니다.

4-1 (1) ○의 수가 가장 많은 학용품은 공책입니다.
(2) ○의 수가 가장 적은 학용품은 자입니다.

147쪽	개념 · 원리 확인

1-1 1   **1-2** 1
2-1 같은에 ○표   **2-2** 2
3-1 작아지는에 ○표   **3-2** 작아지는에 ○표
4-1 (위에서부터) 4, 6, 8
4-2 (위에서부터) 15, 14, 16

4-1

+	1	2	3	4
1	2	3	4	5
2	3	❶	5	6
3	4	5	❷	7
4	5	6	7	❸

오른쪽으로 갈수록 1씩 커지는 규칙이 있으므로
❶ 3−4−5−6   ❷ 4−5−6−7
❸ 5−6−7−8

4-2

+	6	7	8	9
6	12	13	14	❶
7	13	❷	15	16
8	14	15	❸	17
9	15	16	17	18

오른쪽으로 갈수록 1씩 커지는 규칙이 있으므로
❶ 12−13−14−15
❷ 13−14−15−16
❸ 14−15−16−17

149쪽	개념 · 원리 확인

1-1 3   **1-2** 4
2-1 짝수에 ○표   **2-2** 5
3-1 같습니다에 ○표   **3-2** →에 ○표
4-1 (위에서부터) 9, 16, 10
4-2 (위에서부터) 42, 56, 81

4-1

×	2	3	4	5
2	4	6	8	10
3	6	❶	12	15
4	8	12	❷	20
5	❸	15	20	25

❶ 오른쪽으로 갈수록 3씩 커지는 규칙:
6−9−12−15
❷ 오른쪽으로 갈수록 4씩 커지는 규칙:
8−12−16−20
❸ 오른쪽으로 갈수록 5씩 커지는 규칙:
10−15−20−25

4-2

×	6	7	8	9
6	36	42	48	54
7	❶	49	56	63
8	48	❷	64	72
9	54	63	72	❸

❶ 아래쪽으로 갈수록 6씩 커지는 규칙:
36−42−48−54
❷ 아래쪽으로 갈수록 7씩 커지는 규칙:
42−49−56−63
❸ 아래쪽으로 갈수록 9씩 커지는 규칙:
54−63−72−81

150~151쪽	기초 집중 연습

1-1   **1-2**

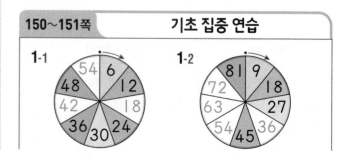

2-1 8, 2
3-1 ----에 ○표

2-2 3, 6
3-2

×	1	3	5	7
1	1	3	5	7
3	3	9	15	21
5	5	15	25	35
7	7	21	35	49

기초 (위에서부터) 8, 12, 16
4-1 (위에서부터) 1, 7, 11
4-2 (위에서부터) 28, 48, 45
4-3 (위에서부터) 25, 48, 49

1-1 6부터 6씩 커지는 규칙입니다.

1-2 9부터 9씩 커지는 규칙입니다.

3-1 8부터 시작하여 2씩 커지는 규칙이 있는 곳은 파란색 점선 위의 수입니다.

3-2 세로줄에도 3부터 시작하여 6씩 커지는 규칙이 있습니다.

기초

+	3	5	7	9
3	6	❶	10	12
5	8	10	❷	14
7	10	12	14	❸
9	12	14	16	18

아래쪽으로 갈수록 2씩 커지는 규칙이 있으므로
❶ 8-10-12-14
❷ 10-12-14-16
❸ 12-14-16-18

4-1

+	1	3	5	7
0	❶	3	5	7
2	3	5	❷	9
4	5	7	9	❸
6	7	9	11	13

아래쪽으로 갈수록 2씩 커지는 규칙이 있으므로
❶ 1-3-5-7
❷ 5-7-9-11
❸ 7-9-11-13

4-2

×	3	4	5	6	7
7	21	❶	35	42	49
8	24	32	40	❷	56
9	27	36	❸	54	63

❶ 오른쪽으로 갈수록 7씩 커지는 규칙:
21-28-35-42-49
❷ 오른쪽으로 갈수록 8씩 커지는 규칙:
24-32-40-48-56
❸ 오른쪽으로 갈수록 9씩 커지는 규칙:
27-36-45-54-63

4-3

❶	30	35	40	45
30	36	42	❷	54
35	42	❸	56	63

❶ 오른쪽으로 갈수록 5씩 커지는 규칙:
25-30-35-40-45
❷ 오른쪽으로 갈수록 6씩 커지는 규칙:
30-36-42-48-54
❸ 오른쪽으로 갈수록 7씩 커지는 규칙:
35-42-49-56-63

153쪽	개념 · 원리 확인

1-1 (○)　　　　1-2 ( )
　　( )　　　　　　 (○)
2-1 ㉡, ㉢　　　　2-2 ㉡, ㉢
3-1 ㉠, ㉡　　　　3-2 ㉡, ㉠

1-1 ▨, ▨가 반복됩니다.

1-2 노란색인 ♡, ☽이 반복됩니다.

2-1 노란색, 빨간색, 초록색이 반복됩니다.

2-2 빨간색, 초록색, 초록색, 노란색이 반복됩니다.

3-1 🍬, 🧀, 🍬, 🍭이 반복됩니다.

3-2 🍭, 🍭, 🍬, 🧀이 반복됩니다.

개념 · 원리 확인

1-1

ㅣ	3	2		3	2
ㅣ	3	2	ㅣ	3	2

1-2

ㅣ	ㅣ	2		ㅣ	2
ㅣ	ㅣ	2	ㅣ	ㅣ	2

2-1 (○) ( )   **2-2** ( ) (○)

3-1

3-2

1-1 ㅣ, 3, 2가 반복되는 규칙입니다.

1-2 ㅣ, ㅣ, 2가 반복되는 규칙입니다.

2-1 🍃 − 🌷 − 🍃 이 반복되는 규칙이므로 ㉠에 알맞은 모양은 🍃 입니다.

2-2 ➡ − ⬆ − ◆ 가 반복되는 규칙이므로 ㉠에 알맞은 모양은 ➡ 입니다.

기초 집중 연습

1-1

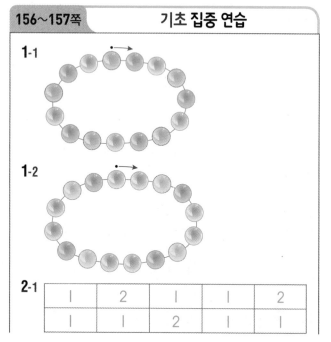

1-2

2-1

ㅣ	2	ㅣ		ㅣ	2
ㅣ	ㅣ		2	ㅣ	ㅣ

2-2

2	ㅣ	3	2	ㅣ	3
2	ㅣ	3	2	ㅣ	3

3-1 ■   **3-2** ▲

기초

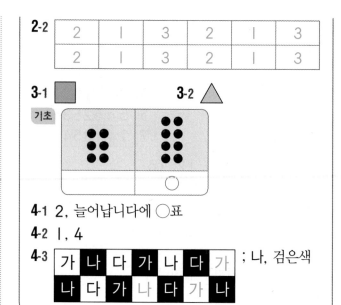

4-1 2, 늘어납니다에 ○표

4-2 ㅣ, 4

4-3

가	나	다	가	나	다	가
나	다	가	나	다	가	나

; 나, 검은색

1-1 초록색−분홍색−파란색 구슬이 반복되는 규칙입니다.

1-2 파란색−파란색−노란색−분홍색 구슬이 반복되는 규칙입니다.

2-1 ㅣ, 2, ㅣ이 반복되는 규칙입니다.

2-2 2, ㅣ, 3이 반복되는 규칙입니다.

3-1 ●, ■ 모양이 반복되는 규칙입니다.

3-2 ▼, ●, ▲ 모양이 반복되는 규칙입니다.

기초 바둑돌이 한 줄에 2개씩 ㅣ줄, 2줄, 3줄로 늘어나는 규칙입니다.

4-2 ㄱ ㄴ ㄱ ㄴ ㄴ ㄱ ㄴ ㄴ ㄴ ㄱ ㄴ ㄴ ㄴ ㄴ
➡ ㄱ 다음에 ㄴ을 각각 ㅣ번, 2번, 3번, 4번 쓰는 규칙입니다.

개념 · 원리 확인

1-1 ( ) (○)   **1-2** ( ) (○)

2-1 3   **2-2** ㅣ, 2

3-1 ㅣ, 늘어납니다에 ○표

3-2 ㅣ

4-1 7개   **4-2** 7개

1-2 쌓기나무를 ㅣ개, ㅣ개, 2개가 반복되게 놓았습니다.

4-1 4개 ➡ 5개 ➡ 6개 ➡ 7개

4-2 1개 ➡ (1＋2)개 ➡ (1＋2＋2)개
➡ (1＋2＋2＋2)개

4-3 3시－3시 30분－4시－4시 30분으로 30분씩 지난 시각이므로 다음에 올 시각은 5시입니다.

161쪽	개념 · 원리 확인

1-1 한글에 ○표 **1-2** 숫자에 ○표
2-1 다3 **2-2** 라8
3-1 1 **3-2** 3

2-1 앞줄에서부터 3번째이므로 '다'이고, 왼쪽에서부터 3번째이므로 '3'입니다. ➡ 다3

2-2 앞줄에서부터 4번째이므로 '라'이고, 왼쪽에서부터 8번째이므로 '8'입니다. ➡ 라8

3-1 4－3－2－1로 1씩 작아집니다.

3-2 1－4－7로 3씩 커집니다.

162~163쪽	기초 집중 연습

1-1 3 **1-2** 2, 3
2-1 6 **2-2** 9, 12, 15
3-1 7개 **3-2** 8개
기초 ㉠ **4-1** 1
4-2 2씩 커집니다. **4-3** (시계 그림)

2-1 같은 줄에서 오른쪽으로 갈수록 1씩 커집니다.
4－5－ 6

2-2 같은 줄에서 오른쪽으로 갈수록 3씩 커집니다.
3－6－ 9 － 12 － 15

3-1 쌓기나무가 가운데에 1개씩 늘어나는 규칙입니다.
4개 ➡ 5개 ➡ 6개 ➡ 7 개

3-2 쌓기나무가 양쪽으로 각각 1개씩 늘어나는 규칙입니다.
2개 ➡ 4개 ➡ 6개 ➡ 8 개

164~165쪽	누구나 100점 맞는 테스트

1 ( )(○) **2** 2
3 4
4

윗옷 색깔별 학생 수

색깔	(파랑)	(회색)	(분홍)	합계
학생 수(명)	4	3	2	9

5

윗옷 색깔별 학생 수

(회색)	○	○		
(회색)	○	○	○	
(파랑)	○	○	○	○
색깔\학생 수(명)	1	2	3	4

6 축구 **7** 10명
8 (원 그림: 63 7 14 21 28 35 42 49 56) **9** 영탁
10 (무늬 격자 그림)

1 ★, ★, ● 모양이 반복되는 규칙입니다.

6 그래프에서 ○의 수가 가장 많은 것을 찾으면 축구입니다.

7 표에서 합계를 보면 조사한 학생 수를 쉽게 알 수 있습니다. ➡ 10명

8 7부터 7씩 커지는 규칙입니다.

9 같은 줄에서 아래쪽으로 갈수록 3씩 작아집니다.

10 ⌐| 모양을 시계 방향으로 돌려 가면서 그립니다.

정답 및 풀이

166~171쪽 특강 — 창의·융합·코딩

창의1
( )
( )
(○)

창의2

주운 도토리의 수

이름 \ 도토리 수(개)	1	2	3	4	5	6	7	8	9	10
지후	○	○	○	○	○	○	○	○	○	○
연후	○	○	○	○	○	○	○	○		
원권	○	○	○	○	○	○				

창의3

현석

융합4 김보람 선수

창의5 1씩

창의6 18

창의7 7, 커집니다에 ○표

코딩8

코봇의 행동별 횟수

횟수(번) \ 행동	뒤로 돌기	제자리 뛰기	옆을 보기	색 바꾸기
8	/			
7	/	/		
6	/	/		
5	/	/	/	
4	/	/	/	/
3	/	/	/	/
2	/	/	/	/
1	/	/	/	/

코딩9

■	○	○	■	○	○	■	○
○	■	○	○	■	○	○	■
○	○	■	○	○	■	○	○

↓

0	1	1	0	1	1	0	1
1	0	1	1	0	1	1	0
1	1	0	1	1	0	1	1

코딩10 초록색

창의2 원권이는 가장 많이 줍지 않았으므로 6개 또는 8개를 주웠고, 연후는 6개보다 많이 주웠으므로 8개 또는 10개를 주웠습니다.
지후가 제일 많이 주웠다고 했으므로 10개를 주웠습니다. 따라서 연후는 8개, 원권이는 6개를 주웠습니다.

창의3 윗옷의 ♪ 모양은 오른쪽으로 갈수록 1개씩 줄어들고, 아래옷의 ☆ 모양은 오른쪽으로 갈수록 2개씩 늘어납니다.

융합4 9점에 김보람 선수는 4번, 최아진 선수는 1번 쏘았으므로 김보람 선수가 9점에 더 많이 쏘았습니다.

창의6 같은 줄에서 오른쪽으로 갈수록 1씩 커지는 규칙 13-14-15-16-17-**18**이므로 18이 쓰여 있습니다.

창의7 1-8-15-22이므로 ↗ 방향으로 7씩 커집니다.

코딩8 뒤로 돌기: 3+5=8(번),
제자리 뛰기: 5+2=7(번),
옆을 보기: 2+4=6(번), 색 바꾸기: 4번

코딩9 ■, ○, ○가 반복되는 규칙입니다.
따라서 숫자도 0, 1, 1이 반복됩니다.

코딩10 9시(빨간색)−9시 5분(초록색)
−9시 10분(파란색)−9시 15분(노란색)
−9시 20분(빨간색)−9시 25분(초록색)
따라서 9시 25분부터 9시 30분이 되기 전까지는 초록색 조명이 켜져 있습니다.

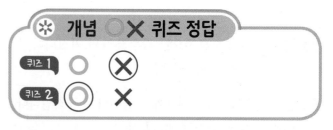

✱ 개념 ○✕ 퀴즈 정답

퀴즈1 ○ ✕

퀴즈2 ○ ✕

퀴즈1 조사한 자료의 전체 수를 알아보기에 편리한 것은 표입니다.

퀴즈2 모양은 같고 색깔만 반복되는 규칙입니다.

정답은
이안에
있어!

수학 전문 교재

● 연산 학습
빅터연산   예비초~6학년, 총 20권
창의융합 빅터연산   예비초~4학년, 총 16권

● 개념 학습
개념클릭 해법수학   1~6학년, 학기용

● 수준별 수학 전문서
해결의법칙(개념/유형/응용)   1~6학년, 학기용

● 단원평가 대비
수학 단원평가   1~6학년, 학기용
일등전략 초등 수학   1~6학년, 학기용

● 단기완성 학습
초등 수학전략   1~6학년, 학기용

● 상위권 학습
최고수준 S 수학   1~6학년, 학기용
최고수준 수학   1~6학년, 학기용
최강 TOT 수학   1~6학년, 학년용

● 경시대회 대비
해법 수학경시대회 기출문제   1~6학년, 학기용

예비 중등 교재

● **해법 반편성 배치고사 예상문제**   6학년
● **해법 신입생 시리즈(수학/영어)**   6학년

맞춤형 학교 시험대비 교재

● **열공 전과목 단원평가**   1~6학년, 학기용(1학기 2~6년)

한자 교재

● **한자능력검정시험 자격증 한번에 따기**   8~3급, 총 9권
● **씽씽 한자 자격시험**   8~5급, 총 4권
● **한자 전략**   8~5급Ⅱ, 총 12권